KB244227

# 사고력도 탄탄! 창의력도 탄탄!
## 수학 일등의 지름길 「기탄사고력수학」

### ♛ 단계별·능력별 프로그램식 학습지입니다

유아부터 초등학교 6학년까지 각 단계별로 4~6권씩 총 52권으로 구성되었으며, 처음 시작할 때 나이와 학년에 관계없이 능력별 수준에 맞추어 학습하는 프로그램식 학습지입니다.

### ♛ 사고력·창의력을 키워 주는 수학 학습지입니다

다양한 사고 단계를 거쳐 문제 해결력을 높여 주며, 개념과 원리를 이해하도록 하여 수학적 사고력을 키워 줍니다. 또 수학적 사고를 바탕으로 스스로 생각하고 깨닫는 창의력을 키워 줍니다.

### ♛ 유아 과정은 물론 초등학교 수학의 전 영역을 골고루 학습합니다

운필력, 공간 지각력, 수 개념 등 유아 과정부터 시작하여, 초등학교 과정인 수와 연산, 도형 등 수학의 전 영역을 골고루 다루어, 자녀들의 수학적 사고의 폭을 넓히는 데 큰 도움을 줍니다.

### ♛ 학습 지도 가이드와 다양한 학습 성취도 평가 자료를 수록했습니다

매주, 매달, 매 단계마다 학습 목표에 따른 지도 내용과 지도 요점, 완벽한 해설을 제공하여 학부모님께서 쉽게 지도하실 수 있습니다. 창의력 문제와 수학 경시 대회 예상 문제를 단계별로 수록, 수학 실력을 완성시켜 줍니다.

### ♛ 과학적 학습 분량으로 공부하는 습관이 몸에 배입니다

하루 10~20분 정도의 과학적 학습량으로 공부에 싫증을 느끼지 않게 하고, 학습에 자신감을 가지도록 하였습니다. 매일 일정 시간 꾸준하게 공부하도록 하면, 시키지 않아도 공부하는 습관이 몸에 배게 됩니다.

# 「기탄사고력수학」은 체계적이고 장기적인 프로그램으로 꾸준히 학습하면 반드시 성적으로 보답합니다

### ✿ 스몰 스텝(Small Step)방식으로 꾸준히 학습하면 성적이 올라갑니다

「기탄사고력수학」은 단순히 문제만 나열한 문제집이 아닙니다. 체계적이고 장기적인 학습프로그램을 통해 수학적 사고력과 창의력을 완성시켜 주는 스몰 스텝(Small Step)방식으로 꾸준히 학습하면 반드시 성적이 올라갑니다.

### ✿ 하루 3장, 10~20분씩 규칙적으로 학습하게 하세요

매일 일정 시간에 일정한 학습량을 꾸준히 재미있게 해야만 학습효과를 높일 수 있습니다. 주별로 분철하기 쉽게 제본되어 있으니, 교재를 구입하시면 먼저 분철하여 일주일 학습 분량만 자녀들에게 나누어 주세요. 그래야만 아이들이 학습 성취감과 자신감을 가질 수 있습니다.

### ✿ 자녀들의 수준에 알맞은 교재를 선택하세요

〈기탄사고력수학〉은 유아에서 초등학교 6학년까지, 나이와 학년에 관계없이 학습 난이도별로 자신의 능력에 맞는 단계를 선택하여 시작하는 능력별 교재입니다. 그러나 자녀의 수준보다 1~2단계 낮춘 교재부터 시작하면 학습에 더욱 자신감을 갖게 되어 효과적입니다.

| 교재 구분 | 교재 구성 | 대 상 |
|---|---|---|
| A단계 교재 | 1, 2, 3, 4집 | 4세 ~ 5세 아동 |
| B단계 교재 | 1, 2, 3, 4집 | 5세 ~ 6세 아동 |
| C단계 교재 | 1, 2, 3, 4집 | 6세 ~ 7세 아동 |
| D단계 교재 | 1, 2, 3, 4집 | 7세 ~ 초등학교 1학년 |
| E단계 교재 | 1, 2, 3, 4, 5, 6집 | 초등학교 1학년 |
| F단계 교재 | 1, 2, 3, 4, 5, 6집 | 초등학교 2학년 |
| G단계 교재 | 1, 2, 3, 4, 5, 6집 | 초등학교 3학년 |
| H단계 교재 | 1, 2, 3, 4, 5, 6집 | 초등학교 4학년 |
| I 단계 교재 | 1, 2, 3, 4, 5, 6집 | 초등학교 5학년 |
| J단계 교재 | 1, 2, 3, 4, 5, 6집 | 초등학교 6학년 |

# 「기탄사고력수학」으로
# 수학 성적 올리는 일등비법을 공개합니다

## ✳ 문제를 먼저 풀어 주지 마세요

기탄사고력수학은 직관(전체 감지)을 논리(이론과 구체 연결)로 발전시켜 답을 구하도록 구성되었습니다. 쉽게 문제를 풀지 못하더라도 노력하는 과정에서 더 많은 것을 얻을 수 있으니, 약간의 힌트 외에는 자녀가 스스로 끝까지 문제를 풀어 나갈 수 있도록 격려해 주세요.

## ✳ 교재는 이렇게 활용하세요

먼저 자녀들의 능력에 맞는 교재를 선택하세요. 그리고 일주일 분량씩 분철하여 매일 3장씩 풀 수 있도록 해 주세요. 한꺼번에 많은 양의 교재를 주시면 어린이가 부담을 느껴서 학습을 미루거나 포기하기 쉽습니다. 적당한 양을 매일매일 학습하도록 하여 수학 공부하는 재미를 느낄 수 있도록 해 주세요.

## ✳ 교재 학습 과정을 꼭 지켜 주세요

한 주 학습이 끝날 때마다 창의력 문제와 경시 대회 예상 문제를 꼭 풀고 넘어가도록 해 주시고, 한 권(한 달 과정)이 끝나면 성취도 테스트와 종료 테스트를 통해 스스로 실력을 가늠해 볼 수 있도록 도와 주세요. 문제를 다 풀면 반드시 해답지를 이용하여 정확하게 채점해 주시고, 틀린 문제를 체크해 놓았다가 다음에는 확실히 풀 수 있도록 지도해 주세요.

## ✳ 자녀의 학습 관리를 게을리 하지 마세요

수학적 사고는 하루 아침에 생겨나는 것이 아닙니다. 날마다 꾸준히 규칙적으로 학습해 나갈 때에만 비로소 수학적 사고의 기틀이 마련되는 것입니다. 교육은 사랑입니다. 자녀가 학습한 부분을 어머니께서 꼭 확인하시면서 사랑으로 돌봐 주세요. 부모님의 관심 속에서 자란 아이들만이 성적 향상은 물론 이 사회에서 꼭 필요한 인격체로 성장해 나갈 수 있다는 것도 잊지 마세요.

# 기탄교력수학 교재별 학습 내용

## A 단계 교재

### A - ❶ 교재

나와 가족에 대하여 알기
바른 행동 알기
다양한 선 그리기
다양한 사물 색칠하기
○△□ 알기
똑같은 것 찾기
빠진 것 찾기
종류가 같은 것과 다른 것 찾기
관찰력, 논리력, 사고력 키우기

### A - ❷ 교재

필요한 물건 찾기
관계 있는 것 찾기
다양한 기준에 따라 분류하기
(종류, 용도, 모양, 색깔, 재질, 계절, 성질 등)
두 가지 기준에 따라 분류하기
다섯까지 세기
변별력 키우기
미로 통과하기

### A - ❸ 교재

다양한 기준으로 비교하기
(길이, 높이, 양, 무게, 크기, 두께, 넓이, 속도, 깊이 등)
시간의 순서 비교하기
반대 개념 알기
3까지의 숫자 배우기
그림 퍼즐 맞추기
미로 통과하기

### A - ❹ 교재

최상급 개념 알기
다양한 기준으로 순서 짓기 (크기, 시간, 길이, 두께 등)
네 가지 이상 비교하기
이중 서열 알기
ABAB, ABCABC의 규칙성 알기
다양한 규칙 이해하기
부분과 전체 알기
5까지의 숫자 배우기
일대일 대응, 일대다 대응 알기
미로 통과하기

## B 단계 교재

### B - ❶ 교재

열까지 세기
9까지의 숫자 배우기
사물의 기본 모양 알기
모양 구성하기
모양 나누기와 합치기
같은 모양, 짝이 되는 모양 찾기
위치 개념 알기 (위, 아래, 앞, 뒤)
위치 파악하기

### B - ❷ 교재

9까지의 수량, 수 단어, 숫자 연결하기
구체물을 이용한 수 익히기
반구체물을 이용한 수 익히기
위치 개념 알기 (안, 밖, 왼쪽, 가운데, 오른쪽)
다양한 위치 개념 알기
시간 개념 알기 (낮, 밤)
구체물을 이용한 수와 양의 개념 알기
(같다, 많다, 적다)

### B - ❸ 교재

순서대로 숫자 쓰기
거꾸로 숫자 쓰기
1 큰 수와 2 큰 수 알기
1 작은 수와 2 작은 수 알기
반구체물을 이용한 수와 양의 개념 알기
보존 개념 익히기
여러 가지 단위 배우기

### B - ❹ 교재

순서수 알기
사물의 입체 모양 알기
입체 모양 나누기
두 수의 크기 비교하기
여러 수의 크기 비교하기
0의 개념 알기
0부터 9까지의 수 익히기

**단계 교재**

| C − ❶ 교재 | C − ❷ 교재 |
|---|---|
| 구체물을 통한 수 가르기<br>반구체물을 통한 수 가르기<br>숫자를 도입한 수 가르기<br>구체물을 통한 수 모으기<br>반구체물을 통한 수 모으기<br>숫자를 도입한 수 모으기 | 수 가르기와 모으기<br>여러 가지 방법으로 수 가르기<br>수 모으고 다시 수 가르기<br>수 가르고 다시 수 모으기<br>더해 보기<br>세로로 더해 보기<br>빼 보기<br>세로로 빼 보기<br>더해 보기와 빼 보기<br>바꾸어서 셈하기 |
| **C − ❸ 교재** | **C − ❹ 교재** |
| 길이 측정하기    높이 측정하기<br>넓이 측정하기    크기 측정하기<br>둘레 측정하기    무게 측정하기<br>부피 측정하기    들이 측정하기<br>활동 시간 알아보기    시간의 순서 알아보기<br>여러 가지 측정하기 | 열 개<br>열 개 만들어 보기<br>열 개 묶어 보기<br>자리 알아보기<br>수 '10' 알아보기<br>10의 크기 알아보기<br>더하여 10이 되는 수 알아보기<br>열다섯까지 세어 보기<br>스물까지 세어 보기 |

**단계 교재**

| D − ❶ 교재 | D − ❷ 교재 |
|---|---|
| 수 11~20 알기<br>11~20까지의 수 알기<br>30까지의 수 알아보기<br>자릿값을 이용하여 30까지의 수 나타내기<br>40까지의 수 알아보기<br>자릿값을 이용하여 40까지의 수 나타내기<br>자릿값을 이용하여 50까지의 수 나타내기<br>50까지의 수 알아보기 | 상자 모양, 공 모양, 둥근기둥 모양 알아보기<br>공간 위치 알아보기<br>입체도형으로 모양 만들기<br>여러 방향에서 본 모습 관찰하기<br>평면도형 알아보기<br>선대칭 모양 알아보기<br>모양 만들기와 탱그램 |
| **D − ❸ 교재** | **D − ❹ 교재** |
| 덧셈 이해하기<br>10이 되는 더하기<br>여러 가지로 더해 보기<br>덧셈 익히기<br>뺄셈 이해하기<br>10에서 빼기<br>여러 가지로 빼 보기<br>뺄셈 익히기 | 조사하여 기록하기<br>그래프의 이해<br>그래프의 활용<br>분수의 이해<br>시간 느끼기<br>사건의 순서 알기<br>소요 시간 알아보기<br>달력 보기<br>시계 보기<br>활동한 시간 알기 |

**단계 교재**

| E - ❶ 교재 | E - ❷ 교재 | E - ❸ 교재 |
|---|---|---|
| 사물의 개수를 세어 보고 1, 2, 3, 4, 5 알아보기<br>0의 개념과 0~5까지의 수의 순서 알기<br>하나 더 많다, 적다의 개념 알기<br>두 수의 크기 비교하기<br>사물의 개수를 세어 보고 6, 7, 8, 9 알아보기<br>0~9까지의 수의 순서 알기<br>하나 더 많다, 적다의 개념 알기<br>두 수의 크기 비교하기<br>여러 가지 모양 알아보기, 찾아보기, 만들어 보기<br>규칙 찾기 | 두 수로 가르기<br>두 수를 모으기<br>가르기와 모으기<br>덧셈식 알아보기<br>뺄셈식 알아보기<br>길이 비교해 보기<br>높이 비교해 보기<br>들이 비교해 보기<br>무게 비교해 보기<br>넓이 비교해 보기 | 수 10(십) 알아보기<br>19까지의 수 알아보기<br>몇십과 몇십 몇 알아보기<br>물건의 수 세기<br>50까지 수의 순서 알아보기<br>두 수의 크기 비교하기<br>분류하기<br>분류하여 세어 보기 |
| **E - ❹ 교재** | **E - ❺ 교재** | **E - ❻ 교재** |
| 수 60, 70, 80, 90<br>99까지의 수<br>수의 순서<br>두 수의 크기 비교<br>여러 가지 모양 알아보기, 찾아보기<br>여러 가지 모양 만들기, 그리기<br>규칙 찾기<br>10을 두 수로 가르기<br>10이 되도록 두 수를 모으기 | 100이 되는 더하기<br>100에서 빼기<br>세 수의 덧셈과 뺄셈<br>(몇십)+(몇), (몇십 몇)+(몇),<br>(몇십 몇)+(몇십 몇)<br>(몇십 몇)-(몇), (몇십 몇)-(몇십 몇)<br>긴바늘, 짧은바늘 알아보기<br>몇 시 알아보기<br>몇 시 30분 알아보기 | 세 수의 덧셈<br>받아올림이 있는 (몇)+(몇)<br>받아내림이 있는 (십 몇)-(몇)<br>세 수의 계산<br>덧셈식, 뺄셈식 만들기<br>□가 있는 덧셈식, 뺄셈식 만들기<br>여러 가지 방법으로 해결하기 |

**단계 교재**

| F - ❶ 교재 | F - ❷ 교재 | F - ❸ 교재 |
|---|---|---|
| 백(100)과 몇백(200, 300, ……)의 개념 이해<br>세 자리 수와 뛰어 세기의 이해<br>세 자리 수의 크기 비교<br>받아올림이 있는 (두 자리 수)+(한 자리 수)의 계산<br>받아내림이 있는 (두 자리 수)-(한 자리 수)의 계산<br>세 수의 덧셈과 뺄셈<br>선분과 직선의 차이 이해<br>사각형, 삼각형, 원 등의 여러 가지 모양<br>쌓기나무로 똑같이 쌓아 보고 여러 가지 모양 만들기<br>배열 순서에 따라 규칙 찾아내기 | 받아올림이 있는 (두 자리 수)+(두 자리 수)의 계산<br>받아내림이 있는 (두 자리 수)-(두 자리 수)의 계산<br>여러 가지 방법으로 계산하고 세 수의 혼합 계산<br>길이 비교와 단위길이의 비교<br>길이의 단위(cm) 알기<br>길이 재기와 길이 어림하기<br>어떤 수를 □로 나타내기<br>덧셈식·뺄셈식에서 □의 값 구하기<br>어떤 수를 구하는 식 만들기<br>식에 알맞은 문제 만들기 | 시각 읽기<br>시각과 시간의 차이 알기<br>하루의 시간 알기<br>달력을 보며 1년 알기<br>몇 시 몇 분 전 알기<br>반 시간 알기<br>묶어 세기<br>몇 배 알아보기<br>더하기를 곱하기로 나타내기<br>덧셈식과 곱셈식으로 나타내기 |
| **F - ❹ 교재** | **F - ❺ 교재** | **F - ❻ 교재** |
| 2~9의 단 곱셈구구 익히기<br>1의 단 곱셈구구와 0의 곱<br>곱셈표에서 규칙 찾기<br>받아올림이 없는 세 자리 수의 덧셈<br>받아내림이 없는 세 자리 수의 뺄셈<br>여러 가지 방법으로 계산하기<br>미터(m)와 센티미터(cm)<br>길이 재기<br>길이 어림하기<br>길이의 합과 차 | 받아올림이 있는 세 자리 수의 덧셈<br>받아내림이 있는 세 자리 수의 뺄셈<br>여러 가지 방법으로 덧셈·뺄셈하기<br>세 수의 혼합 계산<br>똑같이 나누기<br>전체와 부분의 크기<br>분수의 쓰기와 읽기<br>분수만큼 색칠하고 분수로 나타내기<br>표와 그래프로 나타내기<br>조사하여 표와 그래프로 나타내기 | □가 있는 곱셈식을 만들어 문제 해결하기<br>규칙을 찾아 문제 해결하기<br>거꾸로 생각하여 문제 해결하기 |

**단계 교재**

| G - ❶ 교재 | G - ❷ 교재 | G - ❸ 교재 |
|---|---|---|
| 1000의 개념 알기<br>몇천, 네 자리 수 알기<br>수의 자릿값 알기<br>뛰어 세기, 두 수의 크기 비교<br>세 자리 수의 덧셈<br>덧셈의 여러 가지 방법<br>세 자리 수의 뺄셈<br>뺄셈의 여러 가지 방법<br>각과 직각의 이해<br>직각삼각형, 직사각형, 정사각형의 이해 | 똑같이 묶어 덜어 내기와 똑같게 나누기<br>나눗셈의 몫<br>곱셈과 나눗셈의 관계<br>나눗셈의 몫을 구하는 방법<br>나눗셈의 세로 형식<br>곱셈을 활용하여 나눗셈의 몫 구하기<br>평면도형 밀기, 뒤집기, 돌리기<br>평면도형 뒤집고 돌리기<br>(몇십)×(몇)의 계산<br>(두 자리 수)×(한 자리 수)의 계산 | 분수만큼 알기와 분수로 나타내기<br>몇 개인지 알기<br>분수의 크기 비교<br>mm 단위를 알기와 mm 단위까지 길이 재기<br>km 단위를 알기<br>km, m, cm, mm의 단위가 있는 길이의<br>합과 차 구하기<br>시각과 시간의 개념 알기<br>1초의 개념 알기<br>시간의 입과 차 구하기 |

| G - ❹ 교재 | G - ❺ 교재 | G - ❻ 교재 |
|---|---|---|
| (네 자리 수)+(세 자리 수)<br>(네 자리 수)+(네 자리 수)<br>(네 자리 수)−(세 자리 수)<br>(네 자리 수)−(네 자리 수)<br>세 수의 덧셈과 뺄셈<br>(세 자리 수)×(한 자리 수)<br>(몇십)×(몇십) / (두 자리 수)×(몇십)<br>(두 자리 수)×(두 자리 수)<br>원의 중심과 반지름 / 그리기 / 지름 / 성질 | (몇십)÷(몇)<br>내림이 없는 (몇십 몇)÷(몇)<br>나눗셈의 몫과 나머지<br>나눗셈식의 검산 / (몇십 몇)÷(몇)<br>들이 / 들이의 단위<br>들이의 어림하기와 합과 차<br>무게 / 무게의 단위<br>무게의 어림하기와 합과 차<br>0.1 / 소수 알아보기<br>소수의 크기 비교하기 | 막대그래프<br>막대그래프 그리기<br>그림그래프<br>그림그래프 그리기<br>알맞은 그래프로 나타내기<br>규칙을 정해 무늬 꾸미기<br>규칙을 찾아 문제 해결<br>표를 만들어서 문제 해결<br>예상과 확인으로 문제 해결 |

**단계 교재**

| H - ❶ 교재 | H - ❷ 교재 | H - ❸ 교재 |
|---|---|---|
| 만 / 다섯 자리 수 / 십만, 백만, 천만<br>억 / 조 / 큰 수 뛰어서 세기<br>두 수의 크기 비교<br>100, 1000, 10000, 몇백, 몇천의 곱<br>(세,네 자리 수)×(두 자리 수)<br>세 수의 곱셈 / 몇십으로 나누기<br>(두,세 자리 수)÷(두 자리 수)<br>각의 크기 / 각 그리기 / 각도의 합과 차<br>삼각형의 세 각의 크기의 합<br>사각형의 네 각의 크기의 합 | 이등변삼각형 / 이등변삼각형의 성질<br>정삼각형 / 예각과 둔각<br>예각삼각형 / 둔각삼각형<br>덧셈, 뺄셈 또는 곱셈, 나눗셈이 섞여 있는 혼합<br>계산<br>덧셈, 뺄셈, 곱셈, 나눗셈이 섞여 있는 혼합 계산<br>( ), { }가 있는 혼합 계산<br>분수와 진분수 / 가분수와 대분수<br>대분수를 가분수로, 가분수를 대분수로 나타내기<br>분모가 같은 분수의 크기 비교 | 소수<br>소수 두 자리 수<br>소수 세 자리 수<br>소수 사이의 관계<br>소수의 크기 비교<br>규칙을 찾아 수로 나타내기<br>규칙을 찾아 글로 나타내기<br>새로운 무늬 만들기 |

| H - ❹ 교재 | H - ❺ 교재 | H - ❻ 교재 |
|---|---|---|
| 분모가 같은 진분수의 덧셈<br>분모가 같은 대분수의 덧셈<br>분모가 같은 진분수의 뺄셈<br>분모가 같은 대분수의 뺄셈<br>분모가 같은 대분수와 진분수의 덧셈과 뺄셈<br>소수의 덧셈 / 소수의 뺄셈<br>수직과 수선 / 수선 긋기<br>평행선 / 평행선 긋기<br>평행선 사이의 거리 | 사다리꼴 / 평행사변형 / 마름모<br>직사각형과 정사각형의 성질<br>다각형과 정다각형 / 대각선<br>여러 가지 모양 만들기<br>여러 가지 모양으로 덮기<br>직사각형과 정사각형의 둘레<br>1cm² / 직사각형과 정사각형의 넓이<br>여러 가지 도형의 넓이<br>이상과 이하 / 초과와 미만 / 수의 범위<br>올림과 버림 / 반올림 / 어림의 활용 | 꺾은선그래프<br>꺾은선그래프 그리기<br>물결선을 사용한 꺾은선그래프<br>물결선을 사용한 꺾은선그래프 그리기<br>알맞은 그래프로 나타내기<br>꺾은선그래프의 활용<br>두 수 사이의 관계<br>두 수 사이의 관계를 식으로 나타내기<br>문제를 해결하고 풀이 과정을 설명하기 |

기탄사고력수학 교재별 학습 내용

**I 단계 교재**

| I - ❶ 교재 | I - ❷ 교재 | I - ❸ 교재 |
|---|---|---|
| 약수 / 배수 / 배수와 약수의 관계 | 세 분수의 덧셈과 뺄셈 | 평행사변형의 넓이 |
| 공약수와 최대공약수 | (진분수)×(자연수) / (대분수)×(자연수) | 삼각형의 넓이 |
| 공배수와 최소공배수 | (자연수)×(진분수) / (자연수)×(대분수) | 사다리꼴의 넓이 |
| 크기가 같은 분수 알기 | (단위분수)×(단위분수) | 마름모의 넓이 |
| 크기가 같은 분수 만들기 | (진분수)×(진분수) / (대분수)×(대분수) | 넓이의 단위 m², a |
| 분수의 약분 / 분수의 통분 | 세 분수의 곱셈 / 합동인 도형의 성질 | 넓이의 단위 ha, km² |
| 분수의 크기 비교 / 진분수의 덧셈 | 합동인 삼각형 그리기 | 넓이의 단위 관계 |
| 대분수의 덧셈 / 진분수의 뺄셈 | 면, 모서리, 꼭짓점 | 무게의 단위 |
| 대분수의 뺄셈 / 세 분수의 덧셈과 뺄셈 | 직육면체와 정육면체 | |
| | 직육면체의 성질 / 겨냥도 / 전개도 | |

| I - ❹ 교재 | I - ❺ 교재 | I - ❻ 교재 |
|---|---|---|
| 분수와 소수의 관계 | (소수)×(자연수) / (자연수)×(소수) | 두 수의 크기 비교 |
| 분수를 소수로, 소수를 분수로 나타내기 | 곱의 소수점의 위치 | 비율 |
| 분수와 소수의 크기 비교 | (소수)×(소수) | 백분율 |
| 1÷(자연수)를 곱셈으로 나타내기 | 소수의 곱셈 | 할푼리 |
| (자연수)÷(자연수)를 곱셈으로 나타내기 | (소수)÷(자연수) | 실제로 해 보기와 표 만들기 |
| (진분수)÷(자연수) / (가분수)÷(자연수) | (자연수)÷(자연수) | 그림 그리기와 식 만들기 |
| (대분수)÷(자연수) | 줄기와 잎 그림 | 예상하고 확인하기와 표 만들기 |
| 분수와 자연수의 혼합 계산 | 그림그래프 | 실제로 해 보기와 규칙 찾기 |
| 선대칭도형/선대칭의 위치에 있는 도형 | 평균 | |
| 점대칭도형/점대칭의 위치에 있는 도형 | 자료를 그래프로 나타내고 설명하기 | |

**J 단계 교재**

| J - ❶ 교재 | J - ❷ 교재 | J - ❸ 교재 |
|---|---|---|
| (자연수)÷(단위분수) | 쌓기나무의 개수 | 비례식 |
| 분모가 같은 진분수끼리의 나눗셈 | 쌓기나무의 각 자리, 각 층별로 나누어 | 비의 성질 |
| 분모가 다른 진분수끼리의 나눗셈 | 개수 구하기 | 가장 작은 자연수의 비로 나타내기 |
| (자연수)÷(진분수) / 대분수의 나눗셈 | 규칙 찾기 | 비례식의 성질 |
| 분수의 나눗셈 활용하기 | 쌓기나무로 만든 것, 여러 가지 입체도형, | 비례식의 활용 |
| 소수의 나눗셈 / (자연수)÷(소수) | 여러 가지 생활 속 건축물의 위, 앞, 옆 | 연비 |
| 소수의 나눗셈에서 나머지 | 에서 본 모양 | 두 비의 관계를 연비로 나타내기 |
| 반올림한 몫 | 원주와 원주율 / 원의 넓이 | 연비의 성질 |
| 입체도형과 각기둥 / 각뿔 | 띠그래프 알기 / 띠그래프 그리기 | 비례배분 |
| 각기둥의 전개도 / 각뿔의 전개도 | 원그래프 알기 / 원그래프 그리기 | 연비로 비례배분 |

| J - ❹ 교재 | J - ❺ 교재 | J - ❻ 교재 |
|---|---|---|
| (소수)÷(분수) / (분수)÷(소수) | 원기둥의 겉넓이 | 두 수 사이의 대응 관계 / 정비례 |
| 분수와 소수의 혼합 계산 | 원기둥의 부피 | 정비례를 활용하여 생활 문제 해결하기 |
| 원기둥 / 원기둥의 전개도 | 경우의 수 | 반비례 |
| 원뿔 | 순서가 있는 경우의 수 | 반비례를 활용하여 생활 문제 해결하기 |
| 회전체 / 회전체의 단면 | 여러 가지 경우의 수 | 그림을 그리거나 식을 세워 문제 해결하기 |
| 직육면체와 정육면체의 겉넓이 | 확률 | 거꾸로 생각하거나 식을 세워 문제 해결하기 |
| 부피의 비교 / 부피의 단위 | 미지수를 $x$로 나타내기 | 표를 작성하거나 예상과 확인을 통하여 |
| 직육면체와 정육면체의 부피 | 등식 알기 / 방정식 알기 | 문제 해결하기 |
| 부피의 큰 단위 | 등식의 성질을 이용하여 방정식 풀기 | 여러 가지 방법으로 문제 해결하기 |
| 부피와 들이 사이의 관계 | 방정식의 활용 | 새로운 문제를 만들어 풀어 보기 |

사고력도 탄탄! 창의력도 탄탄!

# 기탄고력수학

# F3

F121a ~ F135b

## 학습 관리표

| 학습 내용 | | 이번 주는? |
|---|---|---|
| **시간 알아보기** | · 시각 읽기<br>· 시각과 시간의 차이 알기<br>· 하루의 시간 알기<br>· 달력을 보며 1년 알기<br>· 몇 시 몇 분 전 알기<br>· 반 시간 알기<br>· 창의력 학습<br>· 경시 대회 예상 문제 | • 학습 방법 : ① 매일매일  ② 가끔  ③ 한꺼번에<br>  하였습니다.<br>• 학습 태도 : ① 스스로 잘  ② 시켜서 억지로<br>  하였습니다.<br>• 학습 흥미 : ① 재미있게  ② 싫증내며<br>  하였습니다.<br>• 교재 내용 : ① 적합하다고  ② 어렵다고  ③ 쉽다고<br>  하였습니다. |

| 지도 교사가 부모님께 | 부모님이 지도 교사께 |
|---|---|
| | |

| 평가 | Ⓐ 아주 잘함 | Ⓑ 잘함 | Ⓒ 보통 | Ⓓ 부족함 |
|---|---|---|---|---|

원(교)        반        이름        전화

기초부터 탄탄하게
**G 기탄교육**
www.gitan.co.kr / (02)586-1007(대)

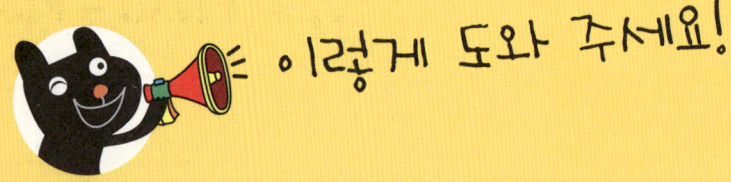

이렇게 도와 주세요!

● 학습 목표
– 시계를 보고 1분 단위로 시각을 읽을 수 있다.
– 시각과 시간의 차이를 알고, 시간을 구할 수 있다.
– 달력을 보고 요일과 날짜를 알 수 있다.

● 지도 내용
– 긴바늘이 숫자 12를 가리키면 짧은바늘이 가리키는 숫자가 몇 시를 나타냄을 알게 한다.
– 긴바늘이 숫자 6을 가리키면 30분이고, 이때 시계의 숫자와 숫자 사이에 오는 짧은 바늘은 몇 시를 나타냄을 알게 한다.
– 긴바늘이 가리키는 작은 눈금 한 칸은 1분을 나타냄을 알게 한다.
– 긴바늘이 가리키는 숫자가 1씩 커지면 시각은 5분씩 커져감을 알게 한다.
– 시계의 긴바늘이 한 바퀴 도는 데 걸리는 시간은 60분이고, 60분은 1시간임을 알게 한다.
– 하루는 24시간임을 알게 한다.
– 달력을 보고 요일과 날짜를 알고, 1년은 12개월임을 알게 한다.
– 몇 시 몇 분 전의 개념을 알게 한다.
– 30분을 반이라고 표현할 수 있게 한다.

● 지도 요점
시계를 보고 시간과 시각의 개념을 인지시키는 주입니다.
실제 시계를 갖다 놓고 바늘을 움직여 가면서 시각을 읽는 연습과 시간을 계산하는 연습을 해 주십시오. 긴바늘과 짧은바늘이 가리키는 의미를 확실히 알아야 시계를 볼 수 있음을 알게 합니다. 오전과 오후의 개념을 시계를 통해 알게 하는 것이 좋습니다. 시각 읽기 학습이 끝나고 나면 수시로 어린이에게 시각을 질문하여 잊지 않도록 지도해 주십시오.

✿ 이름 :

✿ 날짜 :

✿ 시간 :  시  분 ~  시  분

확인

◆ **몇 시 읽기**

시계의 긴바늘이 숫자 12를 가리키면, 짧은바늘이 가리키는 숫자에 따라 **몇 시**로 읽습니다.

🐸 다음 시각을 읽어 보시오.(1~4)

**1.**

[답]

**2.**

[답]

**3.**

[답]

**4.**

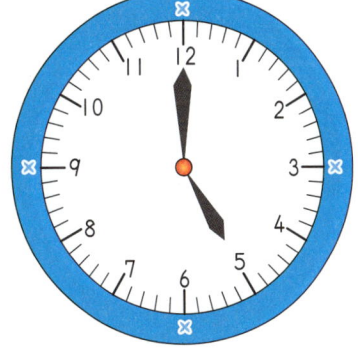

[답]

◆ **몇 시 30분 읽기**

시계의 긴바늘이 숫자 **6**을 가리키고, 짧은바늘이 숫자와 숫자 사이를 가리키면 몇 시 30분 또는 몇 시 반이라고 읽습니다.

다음 시각을 읽어 보시오.(5~8)

**5.**

[답]

**6.**

[답]

**7.**

[답]

**8.**

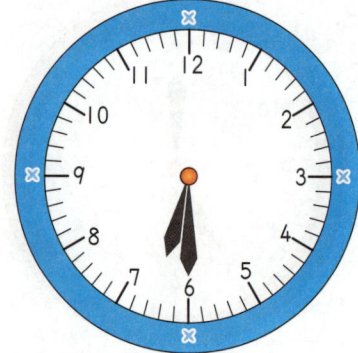

[답]

★ 이름 :

★ 날짜 :

★ 시간 :　　시　　분 ~　　시　　분

확인

🐸 다음을 읽고 시각에 맞게 시계 바늘을 그려 넣으시오.(1~4)

단비는 오늘 6시 30분에 일어나서 아침 식사를 하고 학교에 도착하여 시계를 보니 8시 30분이었습니다. 학교 공부를 마치고 집으로 돌아와서 시계를 보니 2시였습니다. 집에서 1시간 동안 인터넷을 한 후에 3시부터 학교 숙제를 하였습니다.

1.

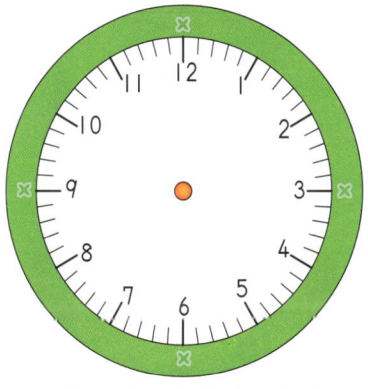

[단비가 일어난 시각]

2.

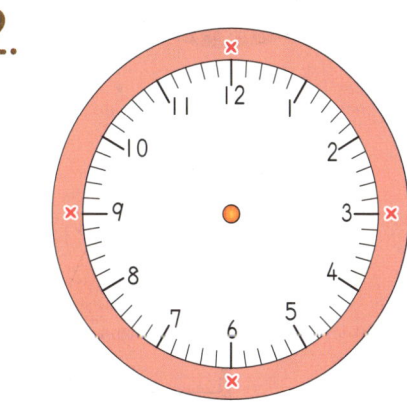

[학교에 도착한 시각]

3.

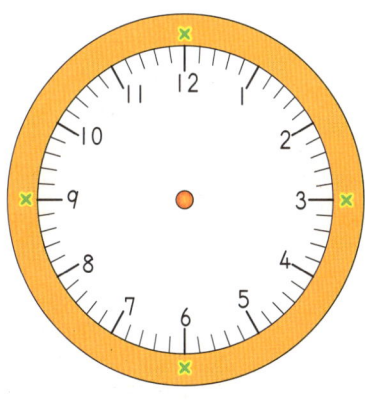

[집에 돌아온 시각]

4.

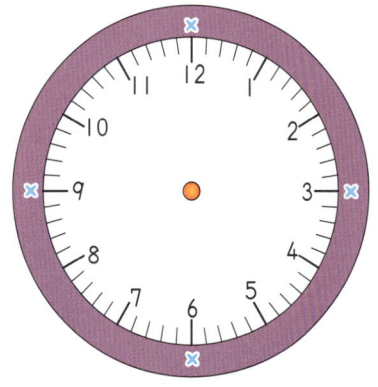

[숙제를 하기 시작한 시각]

사고력 학습

👻 다음 시계에 짧은바늘을 그려 넣으시오.(5~10)

5.
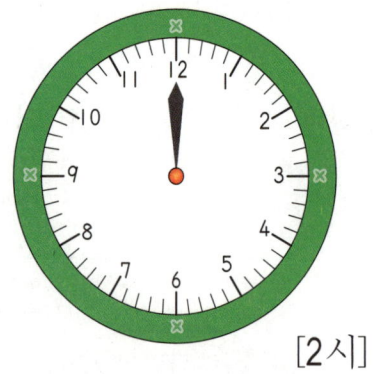
[2시]

6.
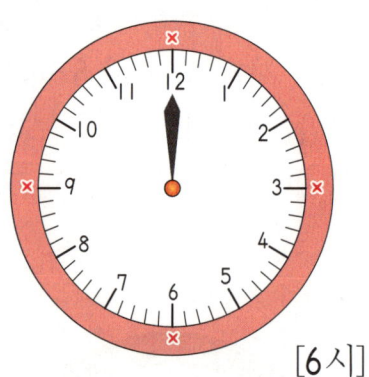
[6시]

7.
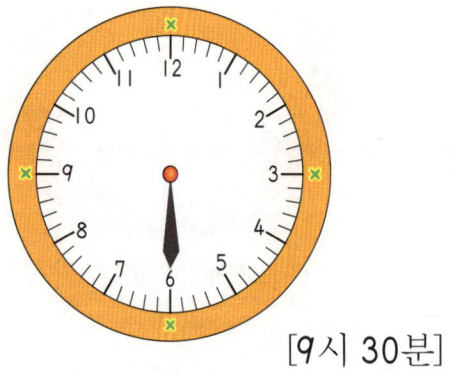
[9시 30분]

8.
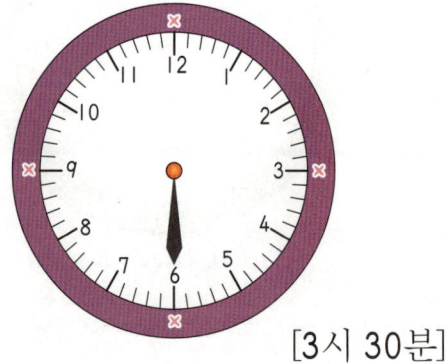
[3시 30분]

9.
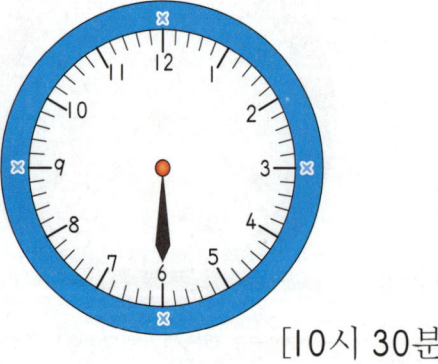
[10시 30분]

10.

[12시]

◆ **시각 알아보기**(1)

시계에서 긴바늘이 숫자 1, 2, 3, …을 가리키면 각각 5분, 10분, 15분, …을 나타냅니다.

**1.** 시계의 긴바늘이 가리키는 숫자가 나타내는 분을 알맞게 써넣으시오.

| 숫자 | 1 | 2 | 3 | 4 | 5 | 6 | 7 | 8 | 9 | 10 | 11 | 12 |
|---|---|---|---|---|---|---|---|---|---|---|---|---|
| 분 | 5 | 10 | 15 | | 25 | | | 40 | | | | 60 |

🐸 다음 시각을 읽어 보시오. (2~3)

**2.**

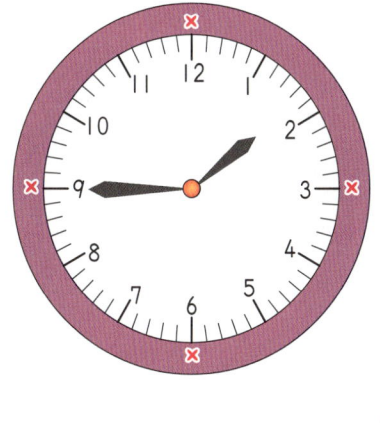

[   시   분]

**3.**

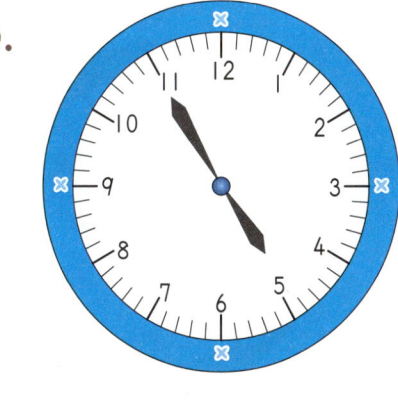

[   시   분]

◆ **시각 알아보기 (2)**

시계에서 긴바늘이 가리키는 작은 눈금 한 칸은 1분을 나타냅니다.

🐸 다음 시각을 읽어 보시오. (4~7)

4.

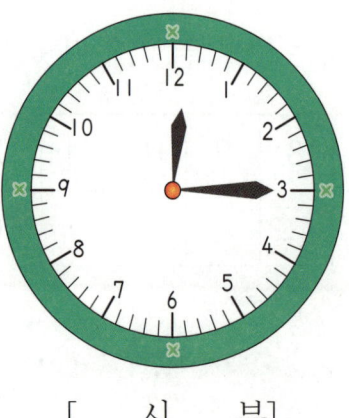

[　시　분]

5.

[　시　분]

6.

[　시　분]

7.

[　시　분]

✿ 이름 :

✿ 날짜 :

✿ 시간 :　시　분～　시　분

확인

👻 다음 시각을 읽어 보시오.(1~6)

1.
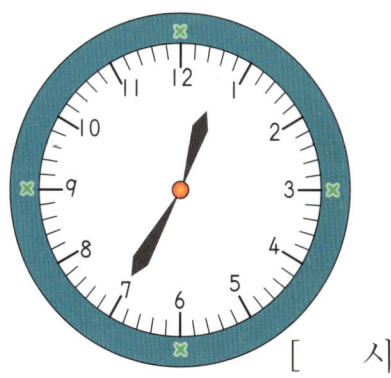
[　　시　　　분]

2.
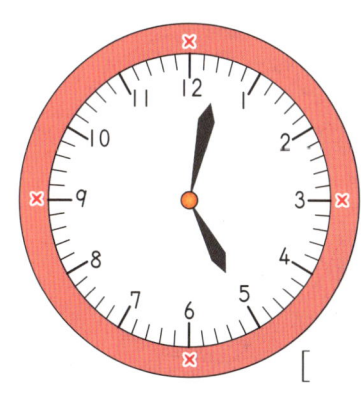
[　　시　　　분]

3.
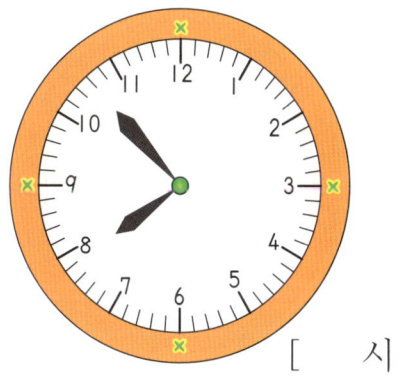
[　　시　　　분]

4.
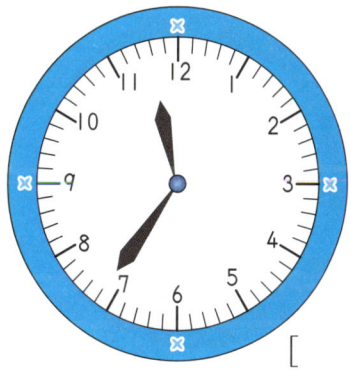
[　　시　　　분]

5.
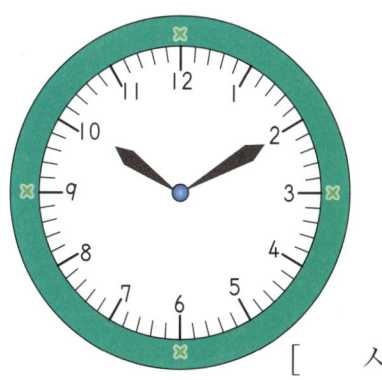
[　　시　　　분]

6.

[　　시　　　분]

사고력 학습

F-124b

👻 다음 시계에 긴바늘을 그려 넣으시오.(7~12)

7.

[2시 25분]

8.

[3시 27분]

9.

[4시 45분]

10.

[5시 48분]

11.

[6시 5분]

12.

[7시 9분]

사고력 학습

**✿** 이름 :

**✿** 날짜 :

**✿** 시간 :　시　분～　시　분

확인

F-125a

---

◆ **시간 알아보기**

시계의 긴바늘이 한 바퀴 도는 데 걸리는 시간은 60분입니다.

60분은 1시간입니다.

| 1시간 = 60분 |
| :---: |

---

**1.** 아름이가 피아노를 치는 데 걸린 시간을 구하시오.

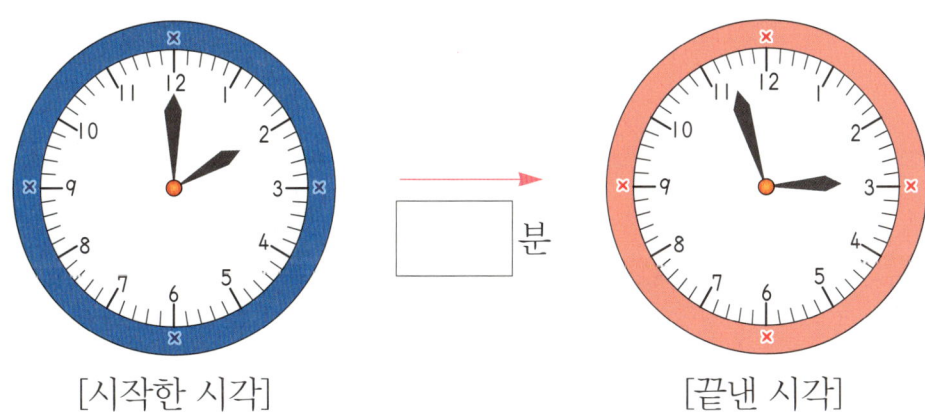

[시작한 시각]　　　　　　　　[ ] 분　　　　　　　[끝낸 시각]

**2.** 보람이가 집에서 공원까지 가는 데 걸린 시간을 구하시오.

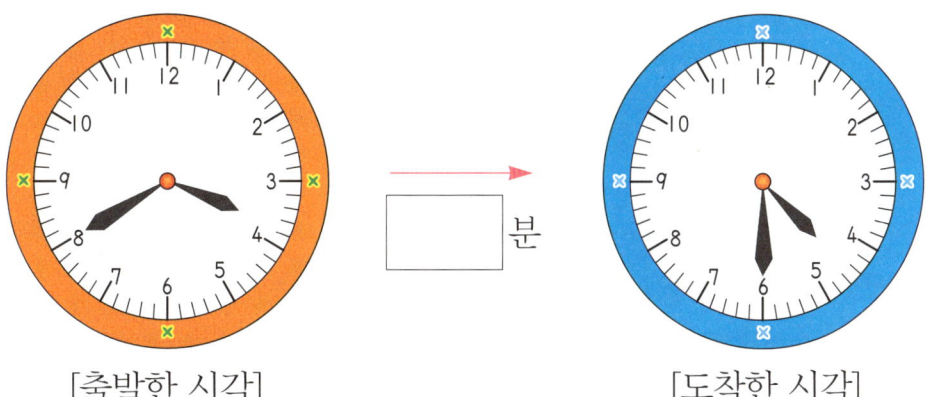

[출발한 시각]　　　　　　　　[ ] 분　　　　　　　[도착한 시각]

사고력 학습

👻 다음 ☐ 안에 알맞은 수를 써넣으시오.(3~10)

**3.** 1시간 = ☐ 분

**4.** 1시간 20분 = ☐ 분

**5.** 1시간 40분 = ☐ 분

**6.** 1시간 50분 = ☐ 분

**7.** 70분 = ☐ 시간 ☐ 분

**8.** 90분 = ☐ 시간 ☐ 분

**9.** 100분 = ☐ 시간 ☐ 분

**10.** 150분 = ☐ 시간 ☐ 분

**11.** 한별이는 2시 10분부터 피아노를 치기 시작하여 3시 30분에 끝마쳤습니다. 한별이가 피아노를 친 시간은 몇 분입니까?

[답] _____

★ 이름 :

★ 날짜 :

★ 시간 :  　시　　분~　시　　분

확인

◆ **하루의 시간**

• 시계의 짧은바늘이 한 바퀴 돌면 12시간입니다.

• 시계의 짧은바늘은 하루에 2바퀴 돕니다. 따라서 하루는 24시
간입니다.

$$|일 = 24시간$$

◆ **오전과 오후**

• 오전 : 0시부터 낮 12시까지

• 오후 : 낮 12시부터 밤 12시까지

👻 다음 ☐ 안에 알맞은 수나 말을 써넣으시오.(1~6)

1. 하루는 ☐ 시간입니다.

2. 0시부터 낮 12시까지를 ☐ 이라 하고, 낮 12시부터 밤 12시까지를 ☐ 라고 합니다.

3. 아침 8시부터 저녁 8시까지는 ☐ 시간입니다.

4. 오늘 밤 9시부터 다음 날 아침 9시까지는 ☐ 시간입니다.

5. 오전 10시 30분부터 오후 10시 30분까지는 ☐ 시간입니다.

6. 오늘 오전 10시부터 내일 오전 10시까지는 ☐ 시간입니다.

7. 텔레비전 방송이 오후 4시에 시작되어 다음 날 낮 12시에 끝났다면, 텔레비전 방송 시간은 몇 시간입니까?

[답]

✿ 이름 :

✿ 날짜 :

✿ 시간 :  　 시 　 분 ~ 　 시 　 분

확인

---

◆ 달력 알아보기

• 일요일부터 토요일까지는 I주일입니다.

• I주일은 7일입니다.

• 첫째 월요일부터 7일 후는 둘째 월요일입니다.

---

🐸 다음은 어느 해 6월의 달력입니다. 물음에 답하시오.(1~3)

| 일 | 월 | 화 | 수 | 목 | 금 | 토 |
|---|---|---|---|---|---|---|
|  | 1 | 2 | 3 | 4 | 5 | 6 |
| 7 | 8 | 9 | 10 | 11 | 12 | 13 |
| 14 | 15 | 16 | 17 | 18 | 19 | 20 |
| 21 | 22 | 23 | 24 | 25 | 26 | 27 |
| 28 | 29 | 30 |  |  |  |  |

1. 이달의 I일은 무슨 요일입니까?　　　　　[답]

2. 이달의 화요일인 날을 모두 쓰시오.

　　　　　　　　[답]

3. 첫째 토요일은 6일입니다. 이날부터 I주일 후는 며칠입니까?

　　　　　　　　[답]

4. 어느 달의 첫째 일요일은 2일입니다. 이달의 둘째 일요일과 셋째 일요일은 각각 며칠입니까?

[답] 둘째 일요일: _____, 셋째 일요일: _____

5. 오늘은 5월 5얼 어린이날입니다. 오늘부터 2주일 후는 몇 월 며칠입니까?

[답] _____

6. 1주일은 7일입니다. 2주일과 3주일은 각각 며칠입니까?

[답] 2주일: _____, 3주일: _____

7. 어느 달의 첫째 수요일이 3일이면 넷째 수요일은 며칠입니까?

[답] _____

👻 다음 ☐ 안에 알맞은 수를 써넣으시오.(8~11)

8. 1주일 3일 = ☐ 일

9. 3주일 4일 = ☐ 일

10. 8일 = ☐ 주일 ☐ 일

11. 16일 = ☐ 주일 ☐ 일

◆ 1년 알아보기

• 한 해는 1월부터 12월까지입니다.

• 1년은 12개월입니다.

• 날수가 28일 또는 29일, 30일, 31일인 달이 있습니다.

| 월 | 1 | 2 | 3 | 4 | 5 | 6 | 7 | 8 | 9 | 10 | 11 | 12 |
|---|---|---|---|---|---|---|---|---|---|---|---|---|
| 날수 | 31 | 28 (29) | 31 | 30 | 31 | 30 | 31 | 31 | 30 | 31 | 30 | 31 |

1. 1년은 몇 개월입니까?

[답]

2. 날수가 31일인 달을 모두 쓰시오.

[답]

3. 날수가 30일인 달을 모두 쓰시오.

[답]

4. 2월은 며칠까지 있습니까?

[답]

5. I년은 몇 월부터 몇 월까지입니까?

[답] _____

6. I년 중 날수가 가장 적은 달은 몇 월입니까?

[답] _____

7. I년 중 날수가 3I일인 달은 몇 번 있습니까?

[답] _____

8. 6월 30일 다음 날은 몇 월 며칠입니까?

[답] _____

9. 7월 30일 다음 날은 몇 월 며칠입니까?

[답] _____

10. 8월 30일부터 2일 후는 몇 월 며칠입니까?

[답] _____

 사고력 학습

★ 이름 :

★ 날짜 :

★ 시간 :    시    분~    시    분

확인

🐸 다음 ☐ 안에 알맞은 말이나 수를 써넣으시오.(1~4)

**1.** 시계에서 긴바늘은 분을 나타내고, 짧은바늘은 ☐ 를 나타냅니다.

**2.** 시계에서 긴바늘이 가리키는 작은 눈금 한 칸은 ☐ 분을 나타냅니다.

**3.** 시계에서 긴바늘이 숫자 3을 가리키면 ☐ 분입니다.

**4.** 시계의 짧은바늘은 숫자 3과 4 사이에 있고, 긴바늘은 숫자 6을 가리키면 ☐ 시 ☐ 분입니다.

**5.** 누리는 8시 10분에 집을 출발하여 학교에 도착하는 데 20분이 걸렸습니다. 학교에 도착한 시각에 맞게 시계 바늘을 그려 넣으시오.

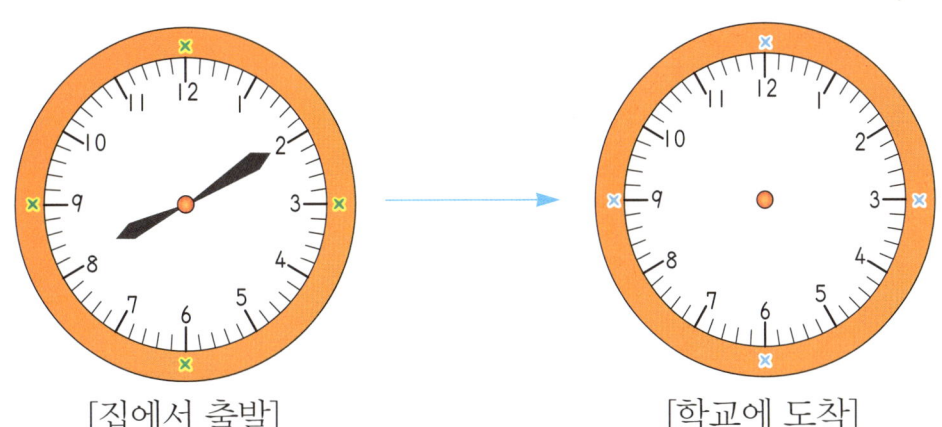

[집에서 출발]                    [학교에 도착]

6. 보라는 오후 1시 50분에 학교에서 출발하여 집에 도착해서 시계를 보니 오후 2시 15분이었습니다. 보라가 학교에서 집까지 오는 데 걸린 시간은 몇 분입니까?

[답]

7. 다운이는 영어 공부를 1시간 한 후에 계속해서 피아노 연습을 30분 동안 하였습니다. 다운이가 영어 공부를 한 시간과 피아노 연습을 한 시간은 모두 몇 분입니까?

[답]

8. 은별이는 오후 3시에 숙제를 하기 시작하여 숙제를 다 마친 다음, 시계를 보니 긴바늘이 두 바퀴 반을 돌았습니다. 숙제를 다 마쳤을 때의 시각을 쓰시오.

[답]

## ◆ 몇 시 몇 분 전

현재 시각이 8시 50분일 때, 9시가 되려면 10분이 더 지나야 합니다. 따라서 8시 50분을 9시 10분 전이라고도 합니다.

> 8시 50분 ⇔ 9시 10분 전

## ◆ 반 시간 알아보기

· 2시 30분을 2시 반이라고도 합니다.
· 반 시간은 30분입니다.
· 1시간 반은 90분입니다.

🐸 다음 시계를 보고 □ 안에 알맞은 수나 말을 써넣으시오.(1~2)

**1.**

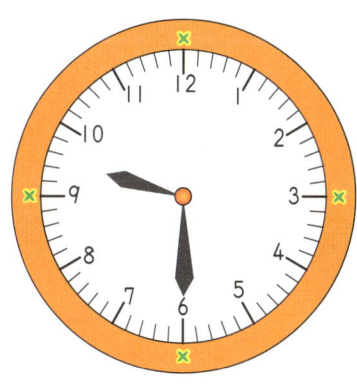

9시 30분

□ 시 □

**2.**

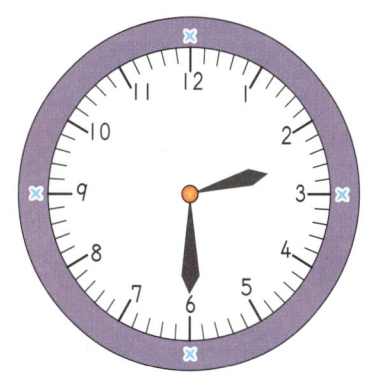

2시 30분

□ 시 □

👻 다음 시계를 보고 ☐ 안에 알맞은 수를 써넣으시오.(3~8)

3.
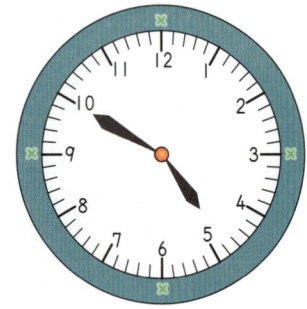

☐ 시 ☐ 분 전

4.

☐ 시 ☐ 분 전

5.

☐ 시 ☐ 분 전

6.
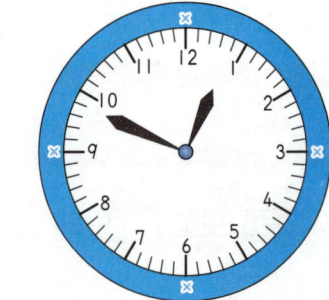

☐ 시 ☐ 분 전

7.

☐ 시 ☐ 분 전

8.

☐ 시 ☐ 분 전

🚗 사고력 학습

★ 이름 :

★ 날짜 :

★ 시간 :　　시　　분～　　시　　분

확인

◆ **시각과 시간 알기**

• 시각은 시계의 바늘이 가리키는 순간을 말합니다.

• 시간은 시각과 시각 사이를 말합니다.

다음 시계를 보고 ☐ 안에 알맞은 수나 말을 써넣으시오.(1~4)

[피아노를 치기 시작한 시각]

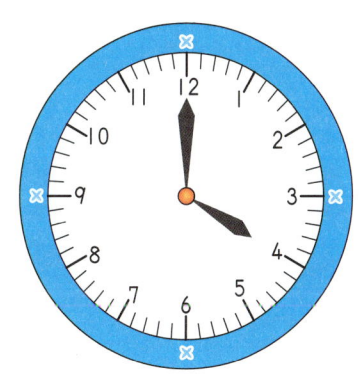

[피아노 치기를 끝낸 시각]

1. 피아노를 치기 시작한 시각은 ☐ 시 반입니다.

2. 피아노 치기를 끝낸 ☐ 은 4시입니다.

3. 피아노를 치는 데 걸린 시간은 ☐ 시간 ☐ 분입니다.

4. 피아노를 치는 데 걸린 ☐ 은 ☐ 분입니다.

🟠 은별이는 2시 40분부터 1시간 10분 동안 숙제를 했습니다. 그리고 계속해서 30분 동안 동화책을 읽었습니다. 다음 물음에 답하시오.(5~6)

5.  은별이가 숙제를 하고 동화책을 읽은 시간은 모두 몇 분입니까?

[답]

6.  은별이가 동화책 읽기를 끝마쳤을 때의 시각을 쓰시오.

[답]

🟠 보라는 3시 50분부터 친구와 공놀이를 시작하여 시계의 긴바늘이 1바퀴 반을 돈 후에 끝마쳤습니다. 다음 물음에 답하시오.(7~8)

7.  보라는 친구와 공놀이를 몇 시간 몇 분 동안 하였습니까?

[답]

8.  보라가 친구와 공놀이를 끝낸 시각을 쓰시오.

[답]

★ 이름 :

★ 날짜 :

★ 시간 :　　시　　분 ~　　시　　분

확인

🐸 다음 ☐ 안에 알맞은 수를 써넣으시오.(1~14)

1.  120분 = ☐ 시간

2.  150분 = ☐ 시간 ☐ 분

3.  180분 = ☐ 시간

4.  210분 = ☐ 시간 ☐ 분

5.  240분 = ☐ 시간

6.  90분 = ☐ 시간 반

7.  1시간 50분 = ☐ 분

8.  2시간 반 = ☐ 분

9.  2일 = ☐ 시간

10.  2일 12시간 = ☐ 시간

11.  3일 = ☐ 시간

12.  3일 9시간 = ☐ 시간

13.  26시간 = ☐ 일 ☐ 시간

14.  40시간 = ☐ 일 ☐ 시간

사고력 학습

👻 다음 ☐ 안에 알맞은 수를 써넣으시오.(15~28)

**15** 2주일 = ☐ 일

**16.** 3주일 = ☐ 일

**17.** 9일 = ☐ 주일 ☐ 일

**18.** 18일 = ☐ 주일 ☐ 일

**19.** 2주일 5일 = ☐ 일

**20.** 30일 = ☐ 주일 ☐ 일

**21.** 2년 = ☐ 개월

**22.** 2년 6개월 = ☐ 개월

**23.** 3년 = ☐ 개월

**24.** 3년 8개월 = ☐ 개월

**25.** 26개월 = ☐ 년 ☐ 개월

**26.** 17개월 = ☐ 년 ☐ 개월

**27.** 40개월 = ☐ 년 ☐ 개월

**28.** 50개월 = ☐ 년 ☐ 개월

🌸 이름 :

🌸 날짜 :

🌸 시간 :　시　분~　시　분

확인

🐸 다음 달력을 완성하고 물음에 답하시오.(1~4)

| | 일 | 월 | 화 | 수 | 목 | 금 | 토 |
|---|---|---|---|---|---|---|---|
| 5월 | | | | | | | |
| | | 7 | | | | | |
| | | | 15 | | | | |
| | | | | | | | |
| | | | | | | | |

1. 이달의 토요일인 날을 모두 쓰시오.

[답]

2. 5월의 마지막 날은 무슨 요일이며, 또 며칠입니까?

[답]

3. 5월 25일부터 1주일 후는 몇 월 며칠입니까?

[답]

4. 4월 30일은 무슨 요일입니까?

[답]

사고력 학습

**5.** 오늘은 3월 8일입니다. 오늘부터 일주일 후는 몇 월 며칠입니까?

[답]

**6.** 어느 해 7월 3일은 수요일입니다. 이달의 첫째 토요일은 며칠입니까?

[답]

**7.** 1년 중 날수가 30일까지 있는 달을 모두 쓰시오.

[답]

**8.** 1년 중 날수가 가장 적은 달은 몇 월입니까?

[답]

**9.** 하루 중 오전은 몇 시부터 몇 시까지입니까?

[답]

**10.** 어느 날 낮의 길이가 13시간이면 밤의 길이는 몇 시간입니까?

[답]

**F-134a**

##  창의력 학습

종호는 주말에 친구들과 함께 박물관으로 견학을 갔습니다. 각각의 시각에 맞게 시계 바늘을 그려 넣으시오.

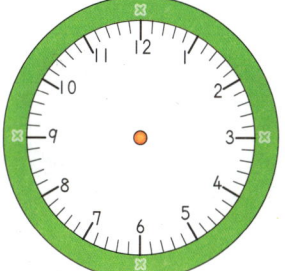

집에서 출발한 시각
오전 10시

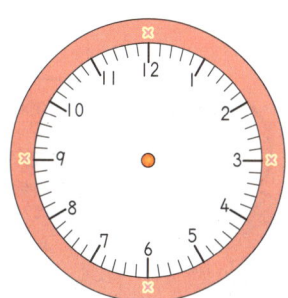

박물관에 도착한 시각
오전 11시 30분

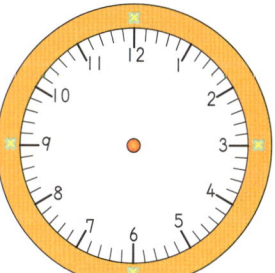

점심을 먹은 시각
오후 12시 30분

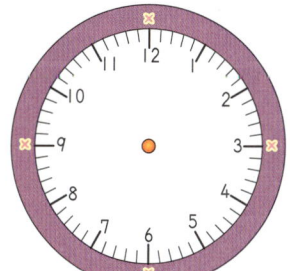

우주 쇼를 본 시각
오후 1시

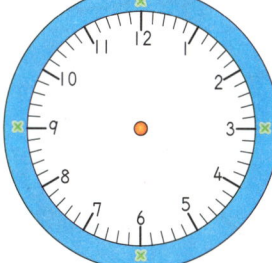

집에 도착한 시각
오후 5시 30분

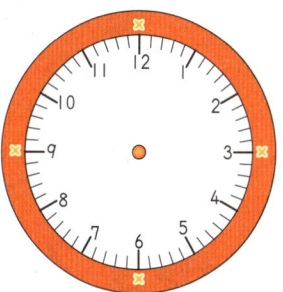

잠자리에 든 시각
오후 9시

다섯 사람이 낚시를 하고 있습니다. 물고기에 적혀 있는 것을 시간으로 바꿔서 낚싯줄에 있는 수와 같은 것을 찾아 이어 보시오.(예를 들어 물고기에 적혀 있는 것이 1일 6시간이면, 24시간+6시간=30시간이 되므로 낚싯줄에 있는 수 30을 찾아 이으면 됩니다.)

30  24  48  60  50

2일

1일
9시간

3일
7시간

1일

2일
12시간

2일
4시간

1일
1시간

4일
5시간

1일
6시간

2일
2시간

**F-135a**

## ➕ 경시 대회 예상 문제

**1.** 다음 ☐ 안에 알맞은 수를 써넣으시오.

(1) 2시간 반은 ☐ 분입니다.

(2) 2주일 4일은 ☐ 일입니다.

(3) 2년 4개월은 ☐ 개월입니다.

**2.** 어느 달의 둘째 월요일은 8일입니다. 이달의 넷째 월요일은 며칠입니까?

[답]

**3.** 지금 시각은 8시 18분입니다. 9시가 되려면 몇 분이 더 지나야 합니까?

[답]

**4.** 지금은 월요일 오후 8시 반입니다. 지금부터 짧은바늘이 한 바퀴 돌면 무슨 요일 몇 시 반이 됩니까?

[답]

5. 웅인이네 학교는 오전 9시에 1교시 수업을 시작합니다. 40분 동안 수업을 하고 10분 동안 쉽니다. 2교시는 언제 시작합니까?

[답] _____

6. 오른쪽 시계를 보고 다음 물음에 답하시오.

(1) 현재 시각에서 50분 후는 몇 시 몇 분입니까?

[답] _____

(2) 현재 시각에서 긴바늘이 반 바퀴 돌면 몇 시 몇 분입니까?

[답] _____

[현재 시각]

(3) 현재 시각에서 10분 전은 몇 시 몇 분입니까?

[답] _____

7. 6월 10일 오전 11시 50분에서 1시간 반 후는 언제입니까?

[답] _____

사고력도 탄탄! 창의력도 탄탄!

# F3

F136a ~ F150b

## 학습 관리표

| 학습 내용 | | 이번 주는? |
|---|---|---|
| 곱셈 | · 묶어 세기<br>· 몇 배 알아보기<br>· 더하기를 곱하기로 나타내기<br>· 덧셈식과 곱셈식으로 나타내기<br>· 창의력 학습<br>· 경시 대회 예상 문제 | • 학습 방법 : ① 매일매일  ② 가끔  ③ 한꺼번에<br>　하였습니다.<br>• 학습 태도 : ① 스스로 잘  ② 시켜서 억지로<br>　하였습니다.<br>• 학습 흥미 : ① 재미있게  ② 싫증내며<br>　하였습니다.<br>• 교재 내용 : ① 적합하다고  ② 어렵다고  ③ 쉽다고<br>　하였습니다. |

| 지도 교사가 부모님께 | 부모님이 지도 교사께 |
|---|---|
| | |

| 평가 | Ⓐ 아주 잘함　　　Ⓑ 잘함　　　Ⓒ 보통　　　Ⓓ 부족함 |
|---|---|

원(교)　　　　　반　　이름　　　　　전화

기초부터 탄탄하게
G 기탄교육

www.gitan.co.kr / (02)586-1007(대)

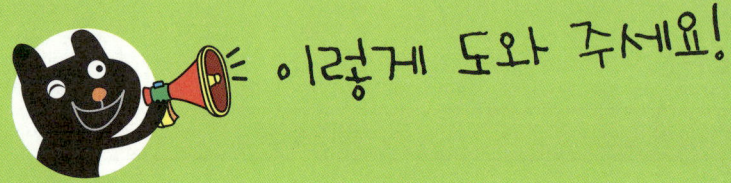

이렇게 도와 주세요!

● **학습 목표**
　– 반구체물을 통해 묶어 세기를 할 수 있다.
　– '몇 씩 몇 묶음'을 '몇의 몇 배' 형식으로 바꾸고, 똑같은 수 더하기로 나타낼 수 있다.
　– '몇의 몇 배'를 곱셈식으로 쓰고 읽을 수 있다.
　– 곱셈을 활용하여 다양한 문제 상황을 해결할 수 있다.

● **지도 내용**
　– 반구체물을 다양한 크기로 묶어서 셀 수 있고, '몇 씩 몇 묶음'의 형식으로 쓸 수
　　있도록 한다.
　– '몇 씩 몇 묶음'을 '몇의 몇 배' 형식으로 바꾸고, 똑같은 수 더하기로 나타낼 수 있
　　도록 한다.
　– '몇의 몇 배'를 곱셈식으로 쓰고 읽을 수 있도록 한다.
　– 곱셈을 활용하여 다양한 문제 상황을 해결할 수 있도록 한다.

● **지도 요점**
반구체물을 통해 묶어 세기를 해 봄으로써 묶음의 개념을 알고, 개수를 셀 때 묶음끼리
더하는 방법을 지도합니다. 그리고 더 나아가 곱하는 방법까지 연결하여 학습하도록 지
도합니다.
이 과정이 끝나면 여러 가지 문제를 통해 묶어 세기를 한 후, 덧셈식과 곱셈식으로 나
타내는 연습을 할 수 있도록 지도합니다.

✿ 이름 :

✿ 날짜 :

✿ 시간 :    시    분 ～    시    분

확인

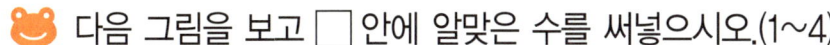

🐸 다음 그림을 보고 ☐ 안에 알맞은 수를 써넣으시오.(1~4)

**1.**

$2 + \boxed{\phantom{0}} + \boxed{\phantom{0}} + \boxed{\phantom{0}} = \boxed{\phantom{0}}$

**2.**

$3 + \boxed{\phantom{0}} + \boxed{\phantom{0}} + \boxed{\phantom{0}} + \boxed{\phantom{0}} = \boxed{\phantom{0}}$

**3.**

$4 + \boxed{\phantom{0}} + \boxed{\phantom{0}} + \boxed{\phantom{0}} = \boxed{\phantom{0}}$

**4.**

$5 + \boxed{\phantom{0}} + \boxed{\phantom{0}} + \boxed{\phantom{0}} + \boxed{\phantom{0}} = \boxed{\phantom{0}}$

사고력 학습

👻 다음 ☐ 안에 알맞은 수를 써넣으시오.(5~12)

5.  2개씩 5묶음이면 ☐ 개입니다.

6.  3개씩 6묶음이면 ☐ 개입니다.

7.  4개씩 7묶음이면 ☐ 개입니다.

8.  5개씩 8묶음이면 ☐ 개입니다.

9.  6개씩 3묶음이면 ☐ 개입니다.

10.  7개씩 2묶음이면 ☐ 개입니다.

11.  8개씩 4묶음이면 ☐ 개입니다.

12.  9개씩 5묶음이면 ☐ 개입니다.

★ 이름 :

★ 날짜 :

★ 시간 :　　시　　분 ~ 　　시　　분

확인

**1.** 2씩 뛰어 세기를 하여 ☐ 안에 알맞은 수를 써넣으시오.

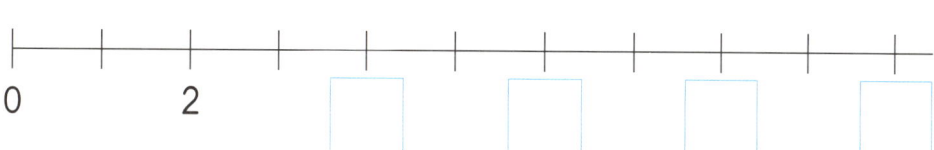

0　　　2　　☐　　☐　　☐　　☐

**2.** 3씩 뛰어 세기를 하여 ☐ 안에 알맞은 수를 써넣으시오.

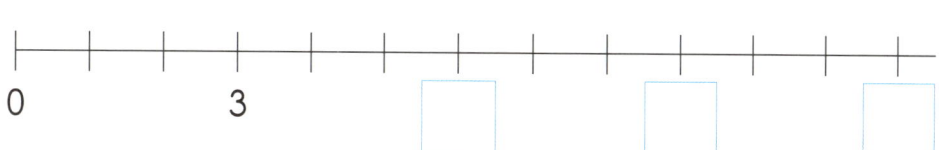

0　　　3　　☐　　☐　　☐

**3.** 4씩 뛰어 세기를 하여 ☐ 안에 알맞은 수를 써넣으시오.

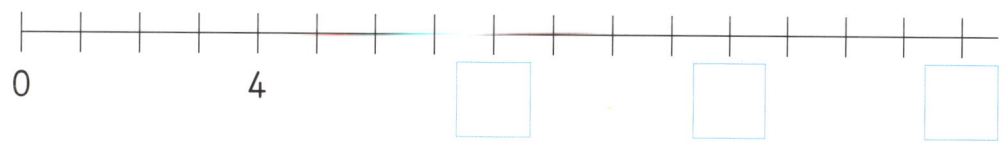

0　　　4　　☐　　☐　　☐

🐸 뛰어 세기를 하여 ☐ 안에 알맞은 수를 써넣으시오.(4~5)

**4.**

| 5 | 10 | ☐ | ☐ | ☐ | 30 | ☐ |

**5.**

| 6 | 12 | ☐ | ☐ | 30 | ☐ | ☐ |

F-137b

👻 뛰어서 세어 보고 다음 계산을 하시오.(6~8)

**6.** 2씩 6번 뛰어서 세기

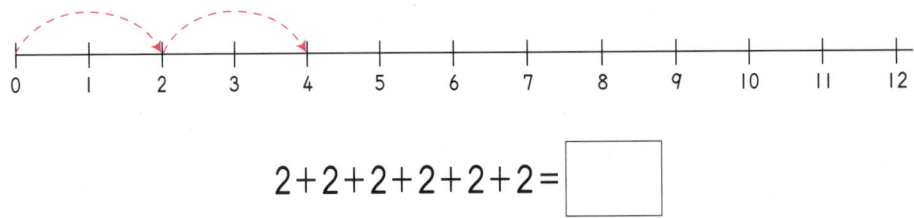

$$2+2+2+2+2+2=\boxed{\phantom{000}}$$

**7.** 3씩 5번 뛰어서 세기

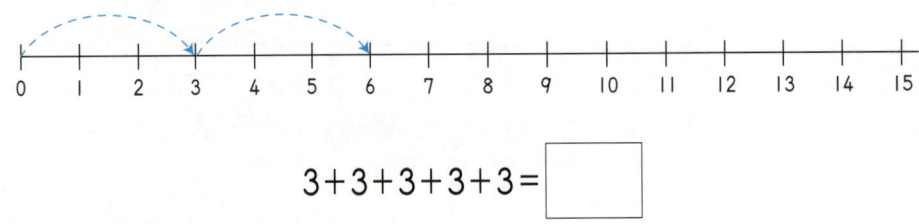

$$3+3+3+3+3=\boxed{\phantom{000}}$$

**8.** 4씩 6번 뛰어서 세기

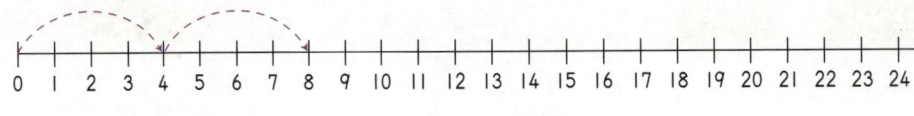

$$4+4+4+4+4+4=\boxed{\phantom{000}}$$

★ 이름 :

★ 날짜 :

★ 시간 :　　시　　분 ~　　시　　분

확인

◆ 묶어 세기

2개씩 묶어서 세어 봅니다.
2 - 4 - 6 - 8
별은 2개씩 4묶음입니다.

모두 몇 개입니까?
2+2+2+2=8(개)

🐸 다음을 묶어서 세어 보시오.(1~2)

**1.** 3씩 묶어서 세기

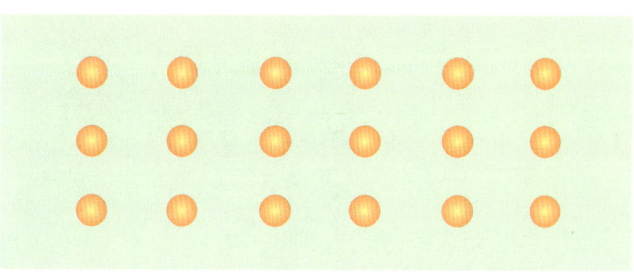

$$3+3+3+3+3+3=\boxed{\phantom{00}}$$

**2.** 4씩 묶어서 세기

$$4+4+4+4+4=\boxed{\phantom{00}}$$

👻 다음 ☐ 안에 알맞은 수를 써넣으시오.(3~6)

3. 5 + 5 + 5 + 5 = ☐

4. 8 + 8 + 8 + 8 = ☐

5. 9 + 9 + 9 + 9 = ☐

6. 6 + 6 + 6 + 6 = ☐

❀ 이름 :

❀ 날짜 :

❀ 시간 :　　시　　분 ~　　시　　분

확인

◆ 몇 배

·  의 3배는 입니다.

· 2씩 3묶음은 2+2+2=6입니다.

· 2씩 3묶음은 2의 3배라고 합니다.

· 2의 3배는 6입니다.

🐸 다음 ☐ 안에 알맞은 수를 써넣으시오.(1~2)

1.
┌ 4씩 5묶음은 4+4+4+4+4= ☐ 입니다.

　 4씩 5묶음은 4의 ☐ 배라고 합니다.

└ 4의 5배는 ☐ 입니다.

2.
┌ 6씩 3묶음은 6+6+6= ☐ 입니다.

　 6씩 3묶음은 ☐ 의 3배라고 합니다.

└ 6의 ☐ 배는 18입니다.

👻 다음을 [보기]와 같이 나타내시오.(3~6)

| 보기 | 3씩 4묶음은  12  ⇒ 3의 4배는 12 |
| --- | --- |

3. 2씩 9묶음은 ☐ ⇒ _____

4. 3씩 8묶음은 ☐ ⇒ _____

5. 4씩 7묶음은 ☐ ⇒ _____

6. 5씩 6묶음은 ☐ ⇒ _____

👻 다음 ☐ 안에 알맞은 수를 써넣으시오.(7~10)

7. 6의 5배 = ☐ 　　　8. 7의 4배 = ☐

9. 8의 3배 = ☐ 　　　10. 9의 2배 = ☐

사고력 학습

---

◆ **곱셈**

- 2씩 3묶음 ⇒ 2의 3배 ⇒ 2 × 3(2 곱하기 3)

- 2의 3배는 6입니다. 이것을 2 × 3 = 6이라 쓰고,
  2 곱하기 3은 6과 같습니다라고 읽습니다.
  또는 2와 3의 곱은 6입니다라고 읽습니다.

  $$2 + 2 + 2 = 6 \Leftrightarrow 2 \times 3 = 6$$

🐸 다음 ☐ 안에 알맞은 수를 써넣으시오.(1~3)

**1.**

$3 + 3 + 3 + 3 = \boxed{\phantom{00}}$

$3 \times 4 = \boxed{\phantom{00}}$

**2.**

$5 + 5 + 5 + 5 + 5 + 5 + 5 = \boxed{\phantom{00}}$

$5 \times \boxed{\phantom{0}} = 35$

**3.**

$7 + 7 + 7 + 7 + 7 + 7 + 7 + 7 + 7 = \boxed{\phantom{00}}$

$7 \times \boxed{\phantom{0}} = \boxed{\phantom{00}}$

👻 다음 □ 안에 알맞은 수를 써넣으시오.(4~6)

4.
　2씩 9묶음은 □ 입니다.

　2+2+2+2+2+2+2+2+2= □

　2× □ =18

5.
　4씩 8묶음은 □ 입니다.

　4+4+4+4+4+4+4+4= □

　□ × □ = □

6.
　6씩 7묶음은 □ 입니다.

　6+6+6+6+6+6+6= □

　□ × □ = □

✿ 이름 :

✿ 날짜 :

✿ 시간 :　시　분 ~　시　분

확인

🐸 다음 빈 곳에 알맞은 곱셈식을 써넣으시오.(1~3)

1.

| | | | | | |
|---|---|---|---|---|---|
| 2 × 1 | | 2 × 3 | | | |

2.

| | | | | |
|---|---|---|---|---|
| | 3 × 2 | | | |

3.

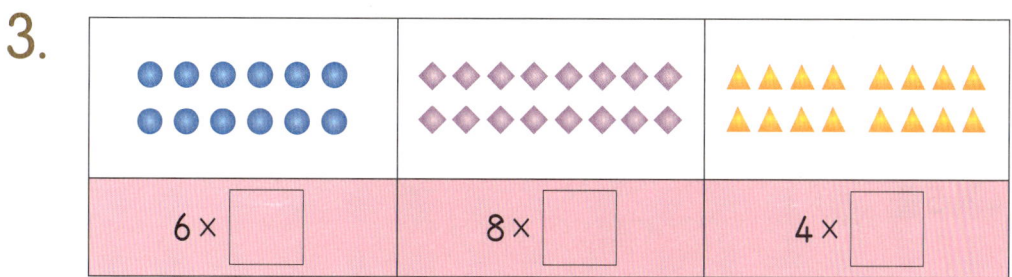

## F-141b

👻 다음 [보기]와 같이 덧셈식과 곱셈식으로 나타내시오.(4~7)

| 보기 | 3씩 5묶음 ⇒ ⎡ 3+3+3+3+3=15 <br> ⎣ 3×5=15 |
|---|---|

4. 2씩 4묶음 ⇒ ⎡_____
⎣_____

5. 7씩 5묶음 ⇒ ⎡_____
⎣_____

6. 9씩 6줄 ⇒ ⎡_____
⎣_____

7. 4씩 5줄 ⇒ ⎡_____
⎣_____

🌸 이름 :

🌸 날짜 :

🌸 시간 :    시   분 ~   시   분

확인

🐸 다음 ☐ 안에 알맞은 수를 써넣으시오.(1~4)

**1.** 2의 6배는 12입니다.

2 × ☐ = 12

**2.** 3의 9배는 27입니다.

3 × ☐ = 27

**3.** 4의 5배는 ☐ 입니다.

4 × ☐ = ☐

**4.** 5의 6배는 ☐ 입니다.

5 × ☐ = ☐

🐸 다음 그림을 보고 ☐ 안에 알맞은 수를 써넣으시오.(5~6)

**5.**

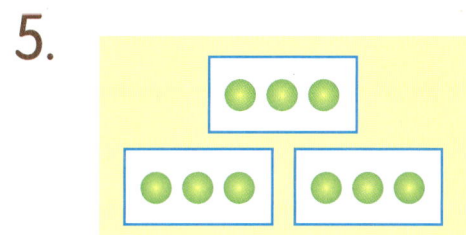

3씩 3묶음은 ☐ 입니다.

3의 3배는 ☐ 입니다.

3 × 3 = ☐

**6.**

4 + 4 + 4 + 4 + 4 = ☐

4의 5배는 ☐ 입니다.

4 × 5 = ☐

다음을 [보기]와 같이 나타내시오.(7~9)

| 보기 | 2씩 3묶음은 6입니다. ⇒ 2의 3배는 6입니다. ⇒ 2×3=6 |

7. 5씩 9묶음은 45입니다. ⇒ [   ].

       ⇒ 5×9=45

8. 6씩 8묶음은 48입니다. ⇒ 6의 8배는 48입니다.

       ⇒ [   ]

9. 9씩 9묶음은 81입니다. ⇒ [   ].

       ⇒ [   ]

10. 1봉지에 8개씩 들어 있는 사탕이 5봉지 있습니다. 사탕은 모두 몇 개 입니까? 덧셈식과 곱셈식으로 나타내시오.

     덧셈식 : _____

     곱셈식 : _____

✿ 이름 :

✿ 날짜 :

✿ 시간 :　시　분 ~ 　시　분

확인

🐸 다음 ☐ 안에 알맞은 수를 써넣고 곱셈식으로 나타내시오.(1~8)

1. 2+2 = ☐　⇒　_____

2. 2+2+2 = ☐　⇒　_____

3. 2+2+2+2 = ☐　⇒　_____

4. 2+2+2+2+2 = ☐　⇒　_____

5. 2+2+2+2+2+2 = ☐　⇒　_____

6. 2+2+2+2+2+2+2 = ☐　⇒　_____

7. 2+2+2+2+2+2+2+2 = ☐　⇒　_____

8. 2+2+2+2+2+2+2+2+2 = ☐　⇒　_____

🐸 다음을 곱셈식으로 나타내고 곱을 구하시오.(9~10)

9. ┃ 4씩 7묶음 ┃

⇒　☐ × ☐

곱 : ☐

10. ┃ 5의 8배 ┃

⇒　☐ × ☐

곱 : ☐

 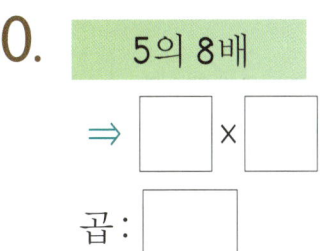

👻 다음 그림을 보고 □ 안에 알맞은 수를 써넣으시오.(11~12)

11.

4씩 7묶음은 □ 입니다.

4의 7배는 □ 입니다.

$4 \times 7 =$ □

12.

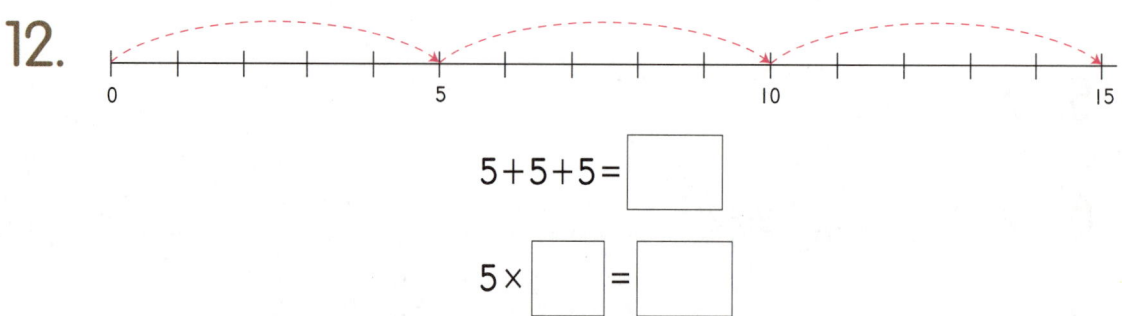

$5 + 5 + 5 =$ □

$5 \times$ □ $=$ □

👻 다음 □ 안에 알맞은 수를 써넣으시오.(13~15)

13. $8+8+8+8+8+8+8+8+8 =$ □ $\Rightarrow 8 \times$ □ $=$ □

14. $9+9+9+9+9+9 =$ □ $\Rightarrow 9 \times$ □ $=$ □

15. $7+7+7+7+7+7+7+7 =$ □ $\Rightarrow 7 \times$ □ $=$ □

🌸 이름 :

🌸 날짜 :

🌸 시간 :   시   분 ~   시   분

확인

🐸 다음 곱셈식을 덧셈식으로 나타내고 답을 구하시오.(1~4)

1.  9×6  ⇒   9+9+9+9+9+9   ⇒ _____

2.  8×8  ⇒ _____  ⇒ _____

3.  7×7  ⇒ _____  ⇒ _____

4.  6×6  ⇒ _____  ⇒ _____

🐸 다음 곱을 구하시오.(5~10)

5.  4×8 =

6.  5×7 =

7.  6×8 =

8.  7×4 =

9.  8×4 =

10.  9×6 =

**11.** 연못에 오리가 8마리 있습니다. 연못에 있는 오리의 다리 수는 모두 몇 개입니까?

[식]　　　　　　　　　　　　　　　　　　　[답]

**12.** 주차장에 바퀴가 4개인 승용차가 7대 있습니다. 주차장에 있는 승용차의 바퀴 수는 모두 몇 개입니까?

[식]　　　　　　　　　　　　　　　　　　　[답]

**13.** 운동장에 여학생은 7명 있고, 남학생은 여학생의 6배만큼 있습니다. 운동장에 있는 남학생의 수는 몇 명입니까?

[식]　　　　　　　　　　　　　　　　　　　[답]

✿ 이름 :

✿ 날짜 :

✿ 시간 :　　시　　분 ~　　시　　분

확인

🐸 다음 그림을 보고 ☐ 안에 알맞은 수를 써넣으시오.(1~3)

**1.**

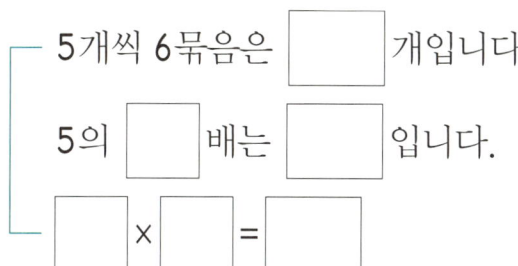

5개씩 6묶음은 ☐ 개입니다.

5의 ☐ 배는 ☐ 입니다.

☐ × ☐ = ☐

**2.**

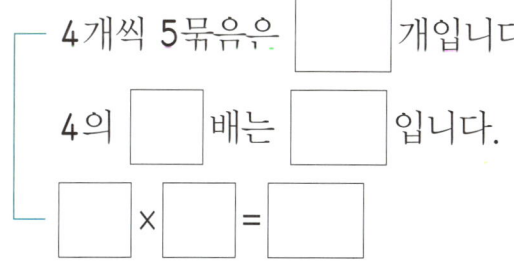

4개씩 5묶음은 ☐ 개입니다.

4의 ☐ 배는 ☐ 입니다.

☐ × ☐ = ☐

**3.**

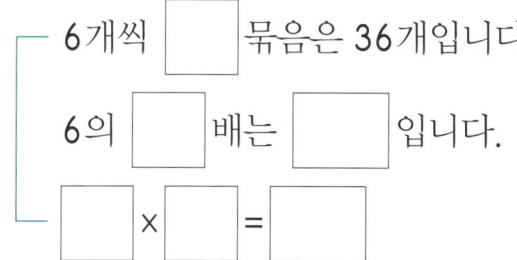

6개씩 ☐ 묶음은 36개입니다.

6의 ☐ 배는 ☐ 입니다.

☐ × ☐ = ☐

4. 초롱이네 반은 한 모둠에 6명씩 5모둠입니다. 초롱이네 반 어린이는 모두 몇 명입니까?

[식]                                                    [답]

5. 다리가 6개인 곤충이 7마리 있습니다. 이 곤충의 다리 수는 모두 몇 개입니까?

[식]                                                    [답]

6. 마당에 오리와 강아지가 각각 4마리 있습니다. 오리와 강아지의 다리 수를 합하면 모두 몇 개입니까?

[답]

기탄고력수학

★ 이름 :

★ 날짜 :

★ 시간 :    시    분 ~    시    분

확인

🐸 규칙에 맞게 □ 안에 알맞은 수를 써넣으시오.(1~5)

**1.**  3 — 6 — □ — 12 — □ — □

**2.**  4 — □ — 12 — □ — □ — □

**3.**  5 — □ — □ — 20 — □ — □

**4.**  7 — □ — □ — □ — 35 — □

**5.**  9 — □ — □ — 36 — □ — 54

**6.** 다음 빈 곳에 알맞은 수를 써넣으시오.

| × | 1 | 2 | 3 | 4 | 5 | 6 | 7 | 8 | 9 |
|---|---|----|---|---|---|---|---|---|---|
| 7 | 7 | 14 |   |   |   |   |   |   |   |

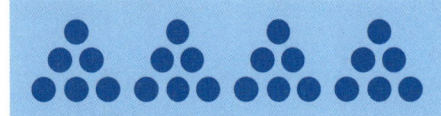 다음 그림에 알맞은 곱셈식을 쓰고 곱을 구하시오.(7~8)

**7.**

곱셈식 : _____

곱 : _____

**8.**

곱셈식 : _____

곱 : _____

 다음을 곱셈식으로 써 보시오.(9~10)

**9.** 7과 8의 곱은 56입니다. ⇒ _____

**10.** 8 곱하기 6은 48입니다. ⇒ _____

 이름 :

날짜 :

시간 :　　시　　분 ~　　시　　분

확인

## 다음 그림을 보고 물음에 답하시오.(1~3)

1. 4개씩 묶어서 세고 곱셈식으로 써 보시오.

[식]

2. 6개씩 묶어서 세고 곱셈식으로 써 보시오.

[식]

3. 9개씩 묶어서 세고 곱셈식으로 써 보시오.

[식]

## 다음 곱을 구하시오.(4~7)

4. $6 \times 7 =$

5. $7 \times 3 =$

6. $8 \times 4 =$

7. $9 \times 9 =$

**F-147b**

8. 사탕을 3사람에게 5개씩 나누어 주려고 합니다. 사탕은 모두 몇 개 있어야 합니까?

   [식]                                       [답]


9. 운동장에 학생들이 한 줄에 8명씩 7줄로 서 있습니다. 운동장에 서 있는 학생은 모두 몇 명입니까?

   [식]                                       [답]


10. 한샘이는 턱걸이를 매일 9번씩 1주일 동안 하였습니다. 한샘이가 1주일 동안 한 턱걸이는 모두 몇 번입니까?

   [식]                                       [답]

 문제 해결력 학습

🐸 다음 곱을 구하시오.(1~16)

1.  2 × 4 =

2.  3 × 5 =

3.  4 × 4 =

4.  5 × 2 =

5.  6 × 2 =

6.  7 × 3 =

7.  8 × 3 =

8.  9 × 4 =

9.  2 × 7 =

10.  3 × 6 =

11.  4 × 7 =

12.  5 × 7 =

13.  6 × 9 =

14.  7 × 8 =

15.  8 × 8 =

16.  9 × 7 =

다음을 곱셈식으로 나타내고 곱을 구하시오.(17~21)

**17.** 2개씩 7묶음
곱셈식 : _____
곱 : _____

**18.** 8명씩 5줄
곱셈식 : _____
곱 : _____

**19.** 4개씩 9봉지
곱셈식 : _____
곱 : _____

**20.** 5의 5배
곱셈식 : _____
곱 : _____

**21.** 6과 7의 곱
곱셈식 : _____
곱 : _____

★ 이름 :

★ 날짜 :

★ 시간 :　　시　　분 ~　　시　　분

확인

# 🔵 창의력 학습

재호가 낚시를 떠났습니다. 네 군데의 연못에 있는 곱의 합이 50이 되어야만 집에 갈 수 있다고 합니다. 어느 연못을 지나 갔습니까? 재호가 고기를 잡으면서 지나간 길을 찾아보시오.(단, 한 번 지나간 길은 다시 못 갑니다.)

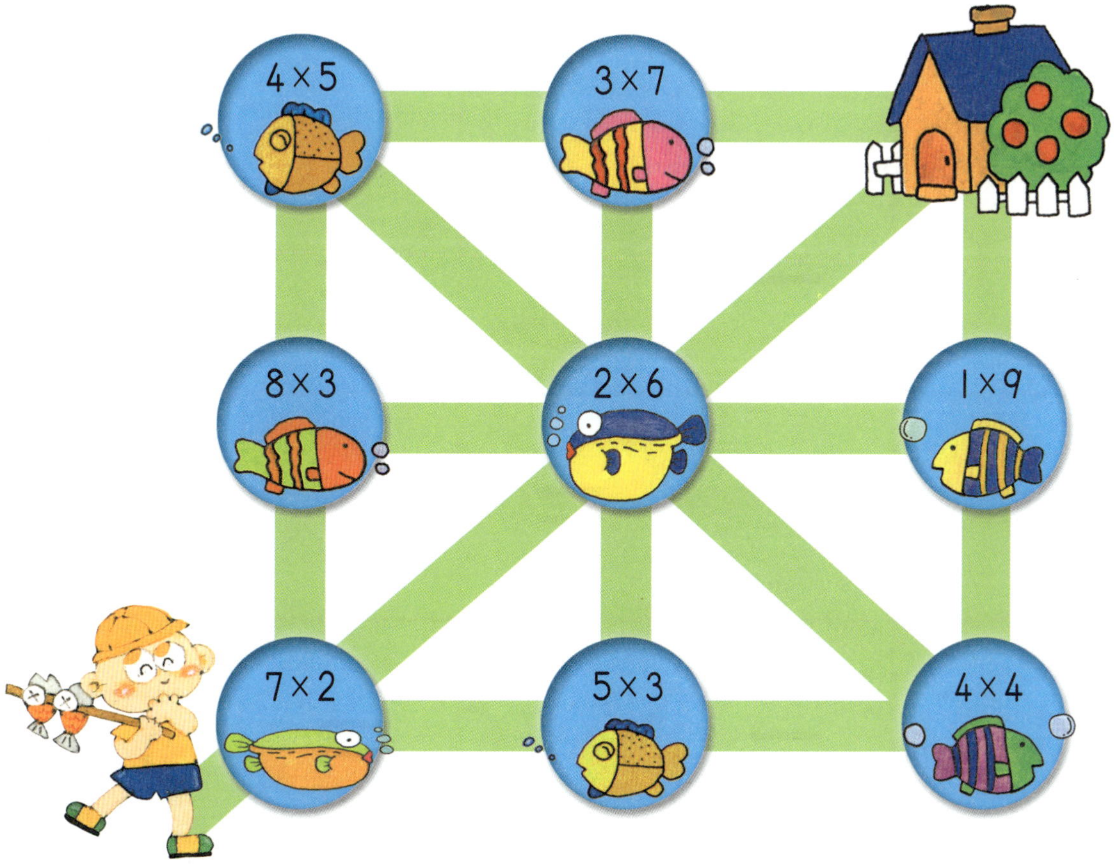

| 4 × 5 | 3 × 7 | |
| 8 × 3 | 2 × 6 | 1 × 9 |
| 7 × 2 | 5 × 3 | 4 × 4 |

숫자 대신 동물을 사용한 가로, 세로의 계산 퍼즐입니다. 동물들은 각각 무슨 숫자인지 알아맞혀 보시오.

| | | | | |
|---|---|---|---|---|
| (다람쥐) | + | ΙΙ | = | 20 |
| × | | − | | |
| (곰) | − | (물개) | = | 4 |
| = | | = | | |
| (고양이) | − | (코끼리) | = | 55 |

창의력 학습

✿ 이름 :

✿ 날짜 :

✿ 시간 :　　시　　분 ~ 　시　　분

확인

# ➕ 경시 대회 예상 문제

**1.** 다음 ☐ 안에 알맞은 수를 써넣으시오.

의 4배는 입니다.

(1) 덧셈식 : $8+8+8+8=$ ☐

(2) 곱셈식 : ☐ × ☐ = ☐

**2.** 다음 수직선을 보고 ☐ 안에 알맞은 수를 써넣으시오.

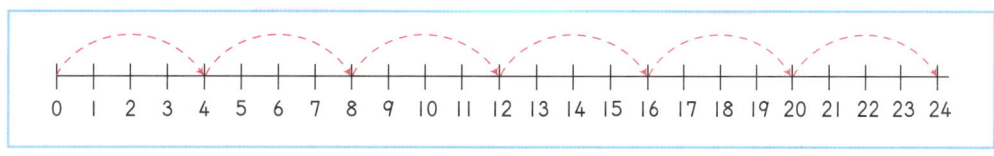

(1) 덧셈식 : ☐ + ☐ + ☐ + ☐ + ☐ + ☐ = ☐

(2) 곱셈식 : ☐ × ☐ = ☐

**3.** 한별이는 하루에 8시간씩 잠을 잤습니다. 1주일 동안 모두 몇 시간 잠을 잤습니까? 곱셈식으로 나타내고 답을 구하시오.

[식]　　　　　　　　　　　　　　　　　[답]

4. 다음 그림을 보고 만들 수 있는 곱셈식을 3개만 쓰시오.

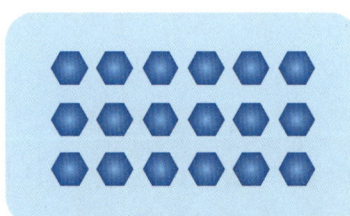

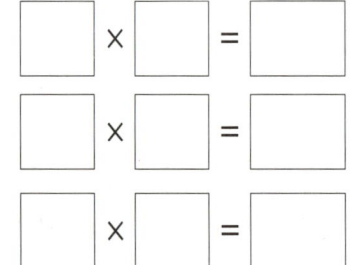

5. 동물원에서 여우 6마리와 타조 7마리가 놀고 있습니다. 동물원에서 놀고 있는 여우와 타조의 다리 수를 합하면 모두 몇 개입니까?

[답]

6. 언니는 색종이를 7장 가지고 있습니다. 동생은 언니가 가지고 있는 색종이의 5배를 가지고 있습니다. 언니와 동생이 가지고 있는 색종이는 모두 몇 장입니까?

[답]

7. 4의 8배는 4의 6배보다 얼마 더 큽니까?

[답]

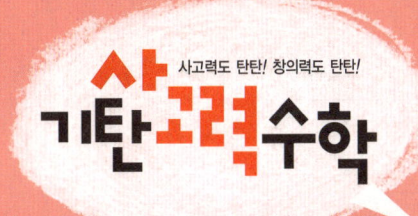

사고력도 탄탄! 창의력도 탄탄!

# 기탄고력수학

# F3

F151a ~ F165b

## 학습 관리표

| 학습 내용 | | 이번 주는? |
|---|---|---|
| **확인 학습** | ·시간 알아보기<br>·곱셈<br>·창의력 학습<br>·경시 대회 예상 문제 | • 학습 방법 : ① 매일매일　② 가끔　③ 한꺼번에<br>　　　　　　 하였습니다.<br>• 학습 태도 : ① 스스로 잘　② 시켜서 억지로<br>　　　　　　 하였습니다.<br>• 학습 흥미 : ① 재미있게　② 싫증내며<br>　　　　　　 하였습니다.<br>• 교재 내용 : ① 적합하다고　② 어렵다고　③ 쉽다고<br>　　　　　　 하였습니다. |

| 지도 교사가 부모님께 | 부모님이 지도 교사께 |
|---|---|
| | |

| 평가 | Ⓐ 아주 잘함 | Ⓑ 잘함 | Ⓒ 보통 | Ⓓ 부족함 |
|---|---|---|---|---|

원(교)　　　　반　　이름　　　　　전화

기초부터 탄탄하게
G 기탄교육
www.gitan.co.kr / (02)586-1007(대)

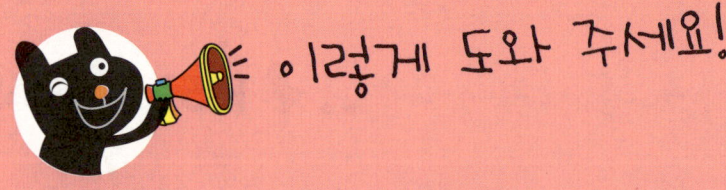

# 이렇게 도와 주세요!

## ● 학습 목표
- 시계를 보고 1분 단위로 시각을 읽을 수 있다.
- 시각과 시간의 차이를 알고, 시간을 구할 수 있다.
- 달력을 보고 요일과 날짜를 알고, 1년은 12개월임을 안다.
- 반구체물을 통해 묶어 세기를 할 수 있다.
- 더하기를 곱하기로 나타낼 수 있다.
- 덧셈식과 곱셈식으로 나타낼 수 있다.

## ● 지도 내용
- 긴바늘이 숫자 12를 가리키면 짧은바늘이 가리키는 숫자가 몇 시를 나타냄을 알게 한다.
- 긴바늘이 숫자 6을 가리키면 30분이고, 이때 시계의 숫자와 숫자 사이에 오는 짧은 바늘은 몇 시를 나타냄을 알게 한다.
- 긴바늘이 가리키는 작은 눈금 한 칸은 1분을 나타내고, 긴바늘이 가리키는 숫자가 1씩 커지면 시각은 5분씩 커져감을 알게 한다.
- 시계의 긴바늘이 한 바퀴 도는 데 걸리는 시간은 60분이고, 60분은 1시간임을 알게 한다.
- 하루는 24시간임을 알게 한다.
- 달력을 보고 요일과 날짜를 알고, 1년은 12개월임을 알게 한다.
- 몇 시 몇 분 전의 개념을 알게 한다.
- 30분을 반이라고 표현할 수 있도록 한다.
- 반구체물을 통해 묶어 세기를 하고, 더하기를 곱하기로 나타낼 수 있도록 한다.
- 문제를 읽고 덧셈식과 곱셈식으로 나타낼 수 있도록 한다.

## ● 지도 요점
앞에서 학습한 시간 알아보기, 곱셈을 다시 한번 확인해 보는 주입니다.
여러 유형의 문제를 접해 보게 함으로써 아이가 학습한 지식을 잘 응용할 수 있도록 지도해 주십시오.

✿ 이름 :

✿ 날짜 :

✿ 시간 :   시   분 ~   시   분

확인

🐸 다음 ☐ 안에 알맞은 수를 써넣으시오.(1~3)

**1.** 시계에서 긴바늘이 숫자 l을 가리키면 ☐ 분을 나타냅니다.

**2.** 시계에서 긴바늘이 숫자 2를 가리키면 ☐ 분을 나타냅니다.

**3.** 시계에서 긴바늘이 숫자 6을 가리키면 ☐ 분을 나타냅니다.

**4.** 시계의 긴바늘이 가리키는 숫자가 나타내는 분을 알맞게 써넣으시오.

| 숫자 | l | 2 | 3 | 4 | 5 | 6 | 7 | 8 | 9 | 10 | ll | 12 |
|------|---|---|---|---|---|---|---|---|---|----|----|----|
| 분 |  |  |  |  |  |  |  |  |  |  |  |  |

**5.** 다음 시각을 읽어 보시오.

(1)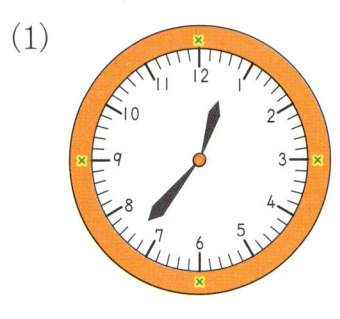

(2)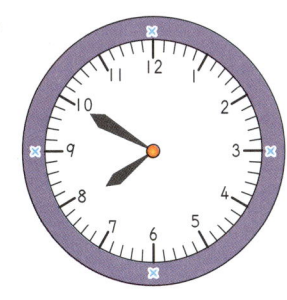

(3)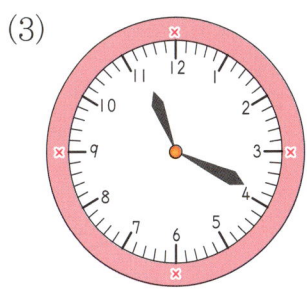

(1) ☐ 시 ☐ 분

(2) ☐ 시 ☐ 분

(3) ☐ 시 ☐ 분

확인 학습

**6.** 다음 시각에 맞게 긴바늘을 그려 넣으시오.

(1)
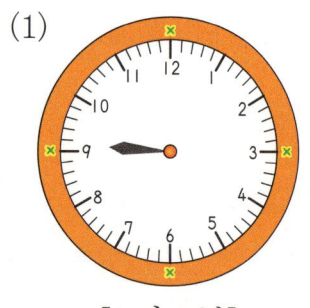
[9시 5분]

(2)
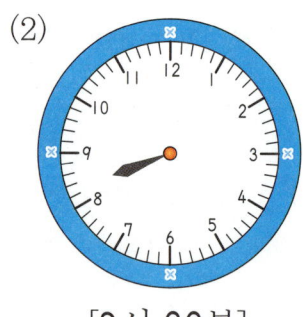
[8시 22분]

(3)
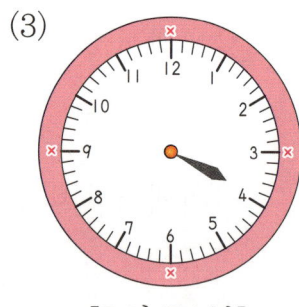
[3시 56분]

(4)
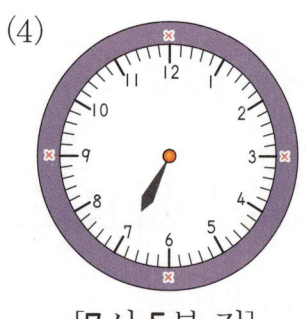
[7시 5분 전]

(5)

[2시 10분 전]

(6)
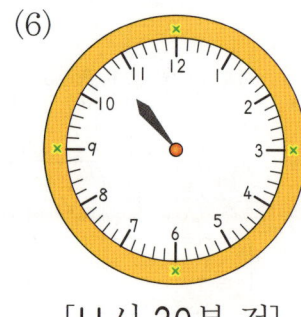
[11시 20분 전]

🗣 다음 ☐ 안에 알맞은 수를 써넣으시오.(7~9)

**7.** 4시 50분은 ☐ 시 ☐ 분 전입니다.

**8.** 11시 45분은 ☐ 시 ☐ 분 전입니다.

**9.** 1시 55분은 ☐ 시 ☐ 분 전입니다.

✿이름 :

✿날짜 :

✿시간 :  시  분~  시  분

확인

1. 새샘이는 8시 20분에 집을 출발하여 8시 45분에 학교에 도착하였습니다. 새샘이가 집에서 학교까지 가는 데 걸린 시간은 몇 분입니까?

[답]

2. 한샘이는 1시 50분에 학교를 출발하여 2시 25분에 집에 도착하였습니다. 한샘이가 학교에서 집까지 오는 데 걸린 시간은 몇 분입니까?

[답]

🐸 다음 ☐ 안에 알맞은 수를 써넣으시오.(3~6)

3. 1시간 반은 ☐ 분입니다.

4. 2시간은 ☐ 분입니다.

5. 70분은 ☐ 시간 ☐ 분입니다.

6. 130분은 ☐ 시간 ☐ 분입니다.

확인 학습

다음은 다운이가 할머니 댁에 가기 위해 집에서 출발한 시각과 할머니 댁에 도착한 시각을 나타낸 것입니다. 물음에 답하시오.(7~10)

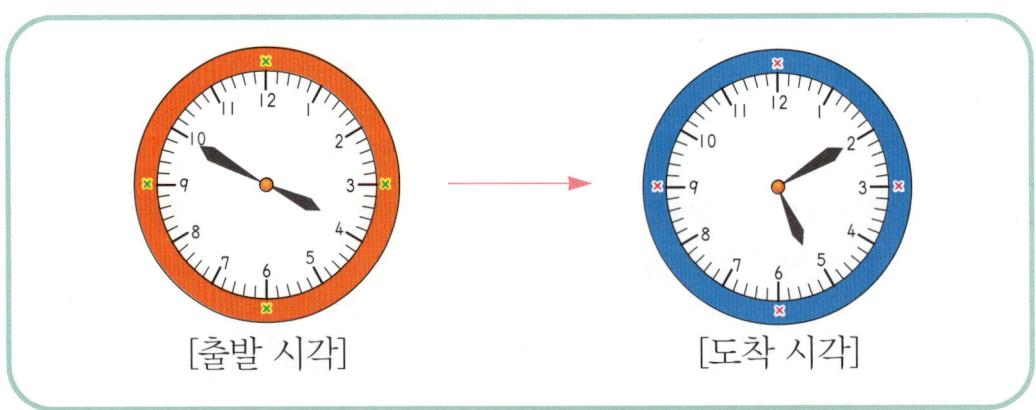

[출발 시각]　　　　　[도착 시각]

7. 다운이가 출발한 시각은 언제입니까?　　　　[답]

8. 다운이가 도착한 시각은 언제입니까?　　　　[답]

9. 다운이가 할머니 댁에 가는 데 걸린 시간은 몇 시간 몇 분입니까?

[답]

10. 다운이가 할머니 댁에 가는 데 걸린 시간은 몇 분입니까?

[답]

확인 학습

**F-153a**

★ 이름 :

★ 날짜 :

★ 시간 :   시   분~   시   분

확인

🐸 다음은 하루의 시간을 나타낸 것입니다. ☐ 안에 알맞은 말이나 수를 써넣으시오.(1~5)

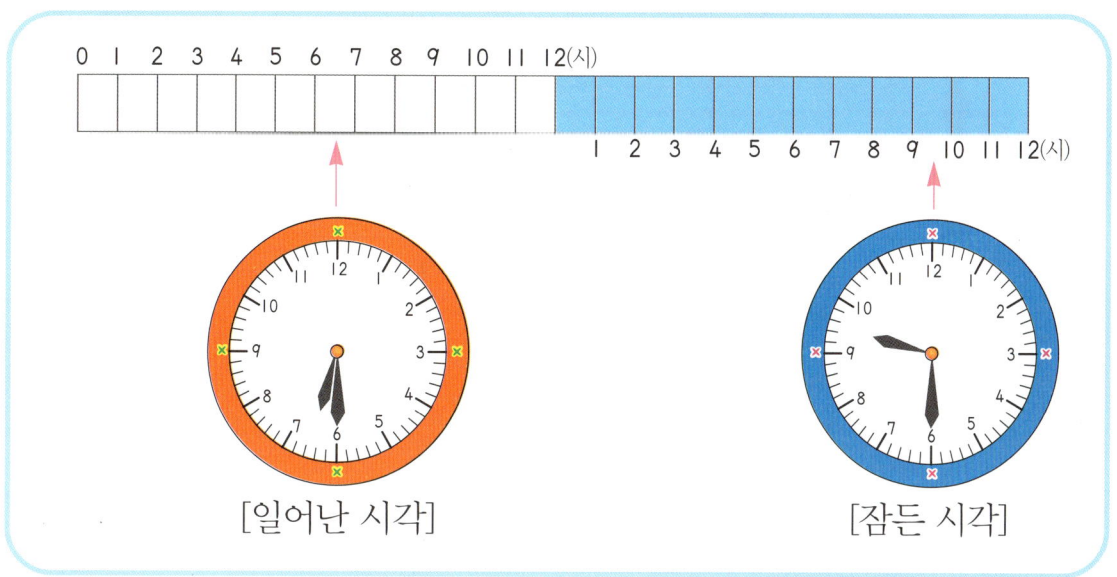

0 1 2 3 4 5 6 7 8 9 10 11 12(시)

1 2 3 4 5 6 7 8 9 10 11 12(시)

[일어난 시각]          [잠든 시각]

1. 0시부터 낮 12시까지를 ☐ 이라고 합니다.

2. 낮 12시부터 밤 12시까지를 ☐ 라고 합니다.

3. 일어난 시각은 오전 ☐ 시 ☐ 분입니다.

4. 잠든 시각은 오후 ☐ 시 ☐ 분입니다.

5. 일어나서 세수하는 데 25분 걸렸습니다. 세수를 끝마친 시각은 오전 ☐ 시 ☐ 분입니다.

확인 학습

🗣 다음은 어느 해 5월 달력의 일부분입니다. 물음에 답하시오.(6~12)

| 일 | 월 | 화 | 수 | 목 | 금 | 토 |
|---|---|---|---|---|---|---|
|  |  |  | 1 | 2 | 3 | 4 |
| 5 | 6 | 7 | 8 | 9 | 10 | 11 |
|  | 13 | 14 | 15 | 16 | 17 |  |

**6.** 이달의 일요일인 날을 모두 쓰시오.

[답] _____

**7.** 이달의 마지막 날은 ☐요일입니다.

**8.** 일요일부터 토요일까지는 ☐일입니다.

**9.** 이달의 셋째 화요일은 ☐일입니다.

**10.** 이달의 넷째 월요일은 ☐일입니다.

**11.** 3주일은 ☐일입니다.

**12.** 18일에서 1주일 후는 ☐일입니다.

☕ 확인 학습

✿ 이름 :

✿ 날짜 :

✿ 시간 :   시   분 ~   시   분

확인

1. 1년은 몇 개월입니까?

[답]

2. 31일까지 있는 달을 모두 쓰시오.

[답]

3. 30일까지 있는 달을 모두 쓰시오.

[답]

4. 2월은 며칠까지 있습니까?

[답]

5. 1년 반은 몇 개월입니까?

[답]

6. 2년은 몇 개월입니까?

[답]

확인 학습

**7.** 하루는 몇 시간입니까?　　　　　　　　　　[답]

**8.** 시계의 짧은바늘은 하루에 몇 바퀴 돕니까? [답]

**9.** 시계의 긴바늘이 한 바퀴 돌면 짧은바늘은 큰 눈금 몇 칸을 갑니까?

　　　　　　　　　　　　　　　　　　　　　　[답]

**10.** 시계의 짧은바늘이 큰 눈금 3칸을 가면 몇 시간입니까?

　　　　　　　　　　　　　　　　　　　　　　[답]

**11.** 10일은 몇 주일 며칠입니까?

　　　　　　　　　　　　　　　　　　　　　　[답]

**12.** 3월 10일이 금요일이면 3월 17일은 무슨 요일입니까?

　　　　　　　　　　　　　　　　　　　　　　[답]

**13.** 6시 3분 전은 몇 시 몇 분입니까?　　　　[답]

 확인 학습

🌸 이름 :

🌸 날짜 :

🌸 시간 :　　시　분～　시　분

확인

1. 다음 시각을 읽어 보시오.

(1) 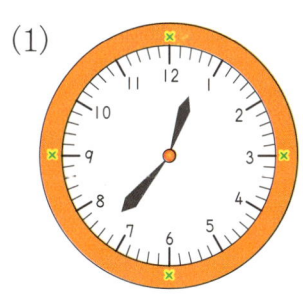　　(2) 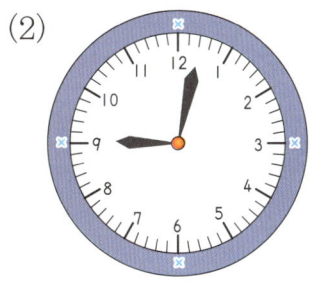　　(3)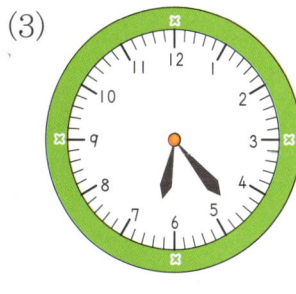

☐ 시 ☐ 분　　☐ 시 ☐ 분　　☐ 시 ☐ 분

🐸 다음 ☐ 안에 알맞은 수를 써넣으시오.(2~5)

2. 1시간 50분 = ☐ 분

3. 2주일 5일 = ☐ 일

4. 1년 5개월 = ☐ 개월

5. 28시간 = ☐ 일 ☐ 시간

6. 축구 경기가 4시 10분 전에 시작하여 5시 40분에 끝났습니다. 축구 경기는 몇 시간 몇 분 동안 하였습니까?

[답]

확인 학습

다음은 야구 경기가 시작된 시각과 끝난 시각을 나타낸 것입니다. 물음에 답하시오.(7~11)

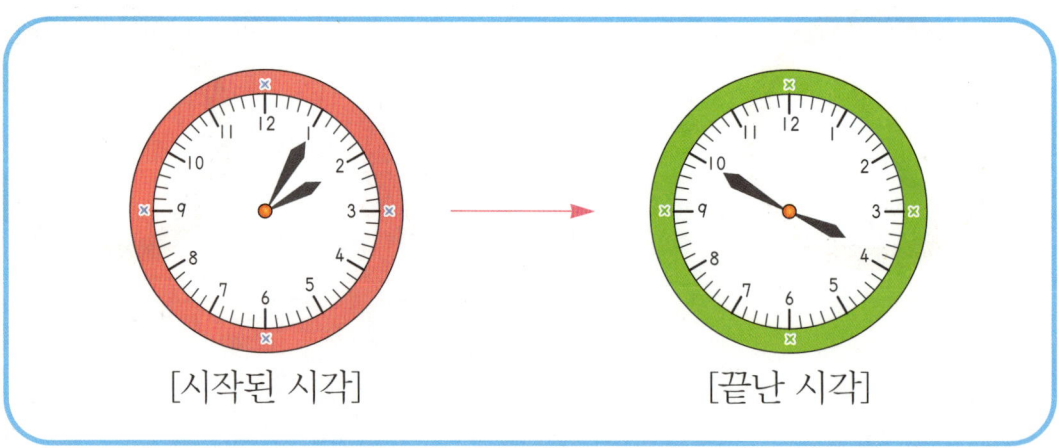

[시작된 시각]　　　　　　　　　[끝난 시각]

7. 야구 경기가 시작된 시각은 언제입니까?　　[답]

8. 야구 경기가 끝난 시각은 언제입니까?　　[답]

9. 야구 경기는 몇 시간 몇 분 동안 하였습니까?

[답]

10. 야구 경기는 몇 분 동안 하였습니까?　　[답]

11. 야구 경기는 몇 시 몇 분 전에 끝났습니까?　　[답]

🌸 이름 :

🌸 날짜 :

🌸 시간 :　　시　　분 ～　　시　　분

확인

😊 5일이 일요일인 7월의 달력을 만들고, 다음 물음에 답하시오.(1~5)

| 일 | 월 | 화 | 수 | 목 | 금 | 토 |
|---|---|---|---|---|---|---|
|  |  |  |  |  |  |  |
|  |  |  |  |  |  |  |
|  |  |  |  |  |  |  |
|  |  |  |  |  |  |  |
|  |  |  |  |  |  |  |

1. 이달의 토요일인 날을 모두 쓰시오.　　　　[답]

2. 이달의 첫날은 무슨 요일입니까?　　　　[답]

3. 이달의 마지막 날은 무슨 요일입니까?　　　　[답]

4. 이달의 셋째 수요일은 며칠입니까?　　　　[답]

5. 7일에서 2주일 후는 며칠입니까?　　　　[답]

확인 학습

👻 다음 시계를 보고 □ 안에 알맞은 수를 써넣으시오.(6~9)

6. 짧은바늘은 숫자 10과 □ 사이에 있습니다.

7. 긴바늘이 가리키는 숫자가 6이면 □ 분입니다.

8. 지금 시각은 □ 시 □ 분입니다.

9. 지금 시각에서 30분 후는 □ 시입니다.

● 이름 :

● 날짜 :

● 시간 :　시　분 ~　시　분

확인

🐸 다음 ▢ 안에 알맞은 수를 써넣으시오.(1~8)

1. 3시간 = ▢ 분

2. 3주일 = ▢ 일

3. 3년 = ▢ 개월

4. 3일 = ▢ 시간

5. 95분 = ▢ 시간 ▢ 분

6. 18일 = ▢ 주일 ▢ 일

7. 20개월 = ▢ 년 ▢ 개월

8. 30시간 = ▢ 일 ▢ 시간

🐸 어느 해 4월 2일은 토요일입니다. 다음 물음에 답하시오.(9~12)

9. 이달의 마지막 토요일은 며칠입니까?　　[답]

10. 이달의 셋째 일요일은 며칠입니까?　　[답]

11. 이달의 첫날은 무슨 요일입니까?　　[답]

12. 이달의 마지막 날은 무슨 요일입니까?　　[답]

확인 학습

F-157b

🔶 보라는 7시 10분 전에 일어나서 8시 10분에 학교로 출발하였습니다. 학교에 도착하여 시계를 보니 집에서 학교까지 오는 데 25분이 걸렸습니다. 다음 물음에 답하시오.(13~16)

**13.** 보라가 일어난 시각은 몇 시 몇 분입니까?

[답] _____

**14.** 보라가 학교에 도착한 시각은 몇 시 몇 분입니까?

[답] _____

**15.** 아침에 일어나서 학교로 출발할 때까지 걸린 시간은 몇 분입니까?

[답] _____

**16.** 아침에 일어나서 학교에 도착할 때까지 걸린 시간은 몇 시간 몇 분입니까?

[답] _____

**17.** 오전 10시 반에서 오후 1시까지는 몇 시간 몇 분입니까?

[답] _____

 확인 학습

✿ 이름 :

✿ 날짜 :

✿ 시간 :　　시　　분 ~ 　　시　　분

확인

🐸 다음 그림을 보고 □ 안에 알맞은 수를 써넣으시오.(1~2)

**1.**

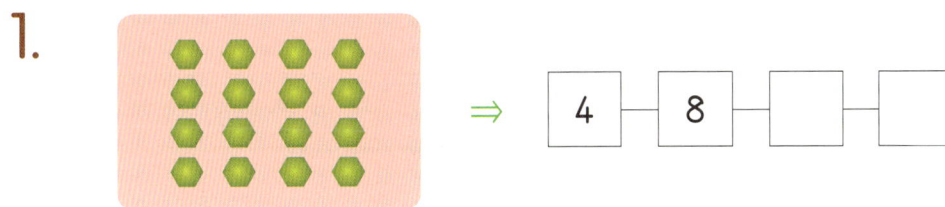

⇒ | 4 | 8 | | |

**2.**

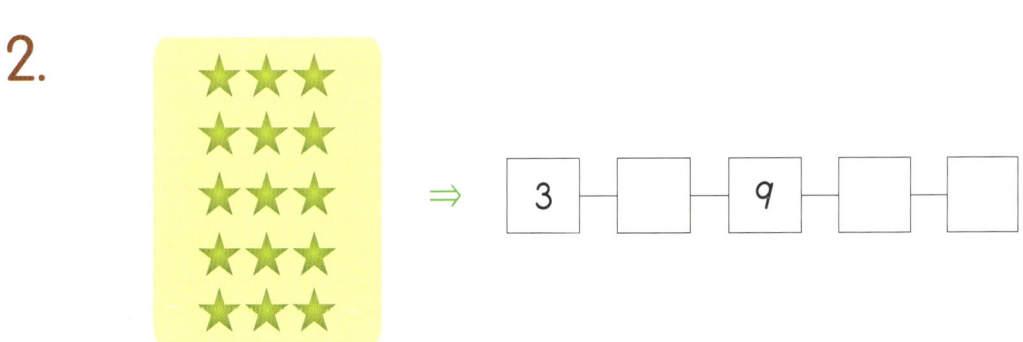

⇒ | 3 | | 9 | | |

**3.** 다음 모양은 모두 몇 개입니까? □ 안에 알맞은 수를 써넣으시오.

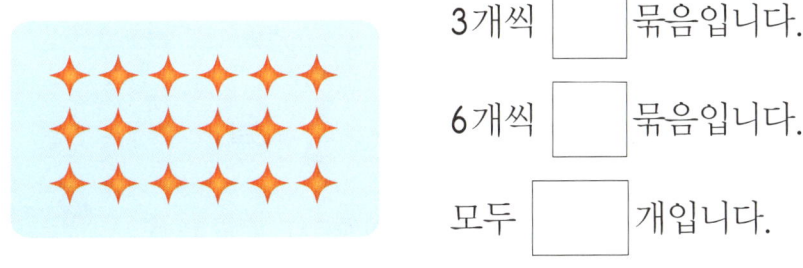

3개씩 □ 묶음입니다.

6개씩 □ 묶음입니다.

모두 □ 개입니다.

확인 학습

F-158b

👻 5씩 몇 번 뛰었습니까? □ 안에 알맞은 수를 써넣으시오.(4~6)

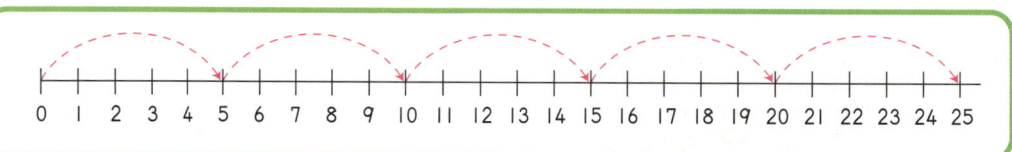

4. □—□—□—□—□

5. □씩 □번 뛰었습니다.

6. □ + □ + □ + □ + □ = □

👻 다음 달력을 보고 물음에 답하시오.(7~8)

| 일 | 월 | 화 | 수 | 목 | 금 | 토 |
|---|---|---|---|---|---|---|
|  | 1 | 2 | 3 | 4 | 5 | 6 |
| 7 | 8 | 9 | 10 | 11 | 12 | 13 |
| 14 | 15 | 16 | 17 | 18 | 19 | 20 |
| 21 | 22 | 23 | 24 | 25 | 26 | 27 |
| 28 | 29 | 30 | 31 |  |  |  |

7. 첫째 일요일은 며칠입니까?   [답]

8. 7일부터 7씩 뛰어 세기 한 수에 빨간색을 칠해 보시오.

 확인 학습

✿ 이름 :

✿ 날짜 :

✿ 시간 :   시   분 ~   시   분

확인

🐸 다음 그림을 보고 ☐ 안에 알맞은 수를 써넣으시오.(1~3)

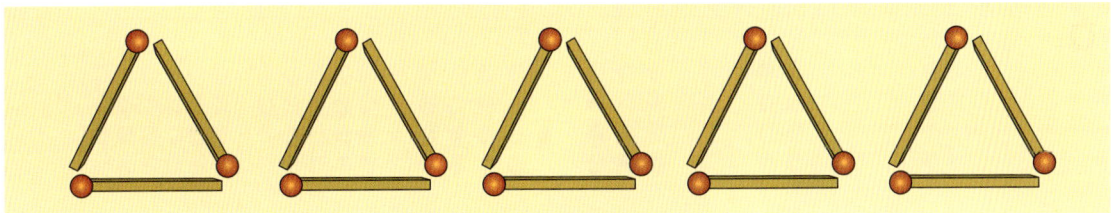

1. 성냥개비가 3개씩 ☐ 묶음 있습니다.

2. ☐ + ☐ + ☐ + ☐ + ☐

3. ☐ × ☐

🐸 다음 그림을 보고 덧셈식과 곱셈식으로 나타내어 보시오.(4~5)

4.

(1) ☐ + ☐ + ☐ + ☐

(2) ☐ × ☐

5.

(1) ☐ + ☐ + ☐ + ☐

(2) ☐ × ☐

👻 다음 빈 곳에 알맞은 곱셈식을 써넣으시오.(6~7)

**6.**

| | | | | | |
|---|---|---|---|---|---|
| 4 × 1 | | 4 × 3 | | | |

**7.**

| | | | | | |
|---|---|---|---|---|---|
| 3 × 1 | | | | | |

👻 곱셈식에 맞게 ○를 그려 넣으시오.(8~9)

**8.**

| 2 × 1 | 2 × 2 | 2 × 3 | 2 × 4 | 2 × 5 |
|---|---|---|---|---|
| | | | | |

**9.**

| 3 × 2 | 4 × 2 | 5 × 2 | 6 × 2 | 7 × 2 |
|---|---|---|---|---|
| | | | | |

✿이름 :

✿날짜 :

✿시간 :  시  분 ~  시  분

**1.** 다음 그림을 보고 ☐ 안에 알맞은 수나 말을 써넣으시오.

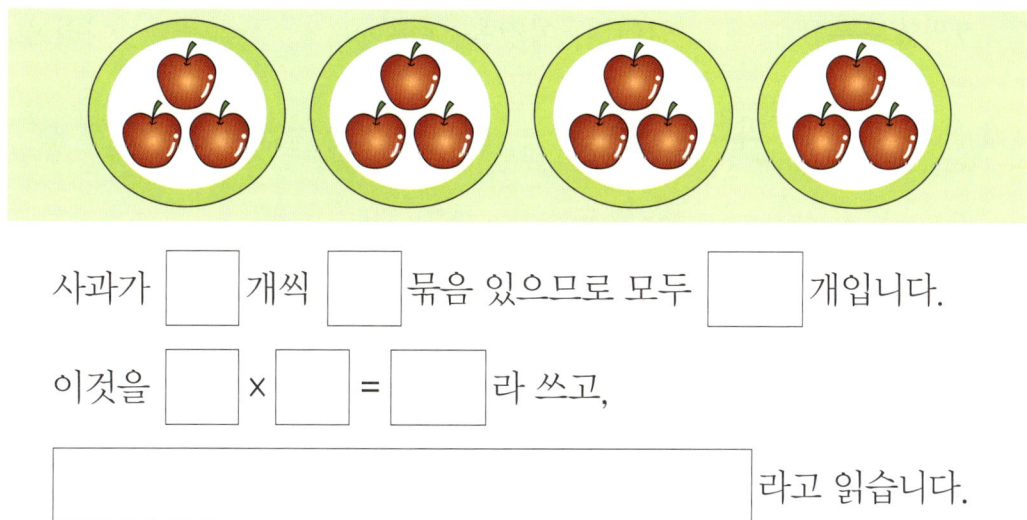

사과가 ☐ 개씩 ☐ 묶음 있으므로 모두 ☐ 개입니다.

이것을 ☐ × ☐ = ☐ 라 쓰고,

☐ 라고 읽습니다.

🐸 다음을 곱셈식으로 써 보시오.(2~5)

**2.** 6 곱하기 3은 18과 같습니다.  ⇒

**3.** 8과 9의 곱은 72입니다.  ⇒

**4.** 7씩 3묶음은 21입니다.  ⇒

**5.** 5씩 4줄은 20입니다.  ⇒

**6.** 다음 ☐ 안에 알맞은 수나 말을 써넣으시오.

7씩 4묶음은 ☐ 입니다. 이것을 ☐ × ☐ = ☐ 이라 쓰고,

☐ 과 ☐ 의 ☐ 은 ☐ 입니다라고 읽습니다.

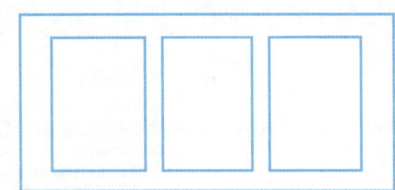 다음 ☐ 안에 알맞은 수를 써넣으시오.(7~9)

**7.** 4+4+4+4= ☐ ⇒ ☐ × ☐ = ☐

**8.** 7+7+7+7+7= ☐ ⇒ ☐ × ☐ = ☐

**9.** 8+8+8+8+8+8= ☐ ⇒ ☐ × ☐ = ☐

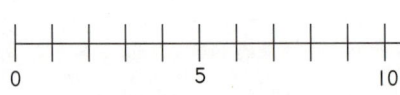 다음 곱셈식을 보고 그림으로 나타내시오.(10~11)

**10.** 4×3=12

**11.** 2×5=10

0          5          10

✿ 이름 :

✿ 날짜 :

✿ 시간 :　시　분 ~　시　분

확인

😃 다음 ☐ 안에 알맞은 수나 말을 써넣으시오.(1~10)

1. 3씩 2묶음은 3의 ☐ 배입니다.

2. 3×6은 3×5보다 ☐ 만큼 더 큽니다.

3. 3+3=3× ☐

4. 3× ☐ =6

5. 4씩 3묶음은 ☐ 의 ☐ 배입니다.

6. 6씩 5줄은 6의 5 ☐ 입니다.

7. 5+5+5+5+5+5는 ☐ 의 ☐ 배입니다.

8. 9+9+9+9는 9의 4 ☐ 입니다.

9. 6은 2의 ☐ 배입니다.

10. 10은 5의 2 ☐ 입니다.

확인 학습

다음은 얼마인지 쓰시오.(11~26)

11. 2의 5배=

12. 5의 2배=

13. 3의 4배=

14. 4의 3배=

15. 4의 6배=

16. 6의 4배=

17. 5의 7배=

18. 7의 5배=

19. $6 \times 3 =$

20. $3 \times 6 =$

21. $7 \times 5 =$

22. $5 \times 7 =$

23. $8 \times 2 =$

24. $2 \times 8 =$

25. $9 \times 6 =$

26. $6 \times 9 =$

확인 학습

✿ 이름 :

✿ 날짜 :

✿ 시간 :    시    분 ~    시    분

확인

🐸 다음 [보기]와 같이 덧셈식으로 나타내어 곱을 구하시오.(1~11)

| 보기 | $2 \times 3$ |
|---|---|
| | $\Rightarrow$    $2+2+2=6$    $\Rightarrow$    $2 \times 3 = 6$ |

**1.** $2 \times 4$

$\Rightarrow$ _____    $\Rightarrow$ _____

**2.** $3 \times 2$

$\Rightarrow$ _____    $\Rightarrow$ _____

**3.** $4 \times 5$

$\Rightarrow$ _____    $\Rightarrow$ _____

**4.** $5 \times 3$

$\Rightarrow$ _____    $\Rightarrow$ _____

**5.** $6 \times 4$

$\Rightarrow$ _____    $\Rightarrow$ _____

확인 학습

6. $4 \times 9$

⇒ _____   ⇒ _____

7. $5 \times 4$

⇒ _____   ⇒ _____

8. $6 \times 8$

⇒ _____   ⇒ _____

9. $7 \times 5$

⇒ _____   ⇒ _____

10. $8 \times 7$

⇒ _____   ⇒ _____

11. $9 \times 6$

⇒ _____   ⇒ _____

확인 학습

✿ 이름 :

✿ 날짜 :

✿ 시간 :    시    분 ~    시    분

확인

 창의력 학습

[보기]의 풀이 방법을 보고 다음 상황에서 나무는 모두 몇 그루 심을 수 있는지 알아보시오.

보기

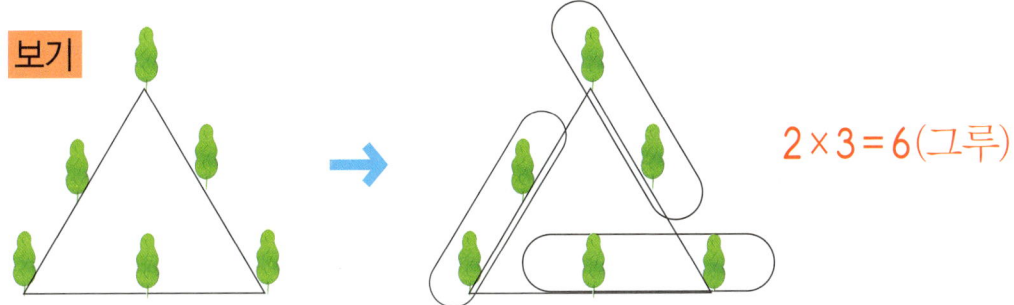

$2 \times 3 = 6$(그루)

다음 그림과 같은 여러 가지 모양의 땅 둘레에 한 변에 4그루씩 같은 간격으로 나무를 심으려고 합니다. 각 꼭짓점에 반드시 나무를 심는다면, 나무는 모두 몇 그루를 심을 수 있습니까?

①

②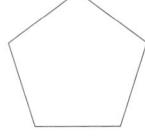

③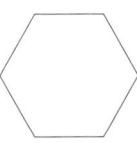

다음 암호판을 보고 암호문을 풀어 빈 곳에 알맞게 써 보시오.

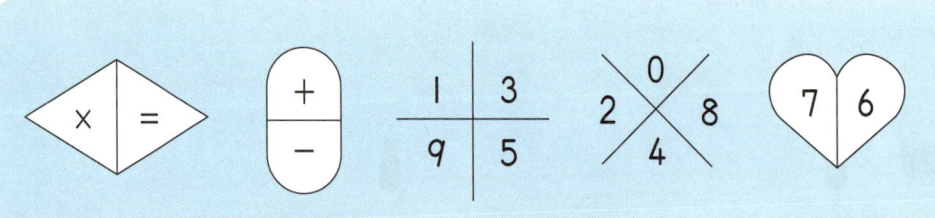

| | 암 호 문 | 풀 기 | 답(암호) | 답(수) |
|---|---|---|---|---|
| 1 | ⌐∪⌐▷ | 9−5= | ∧ | 4 |
| 2 | >◁∧▷ | | | |
| 3 | ∟◠>▷ | | | |
| 4 | ∟◁∟▷ | | | |
| 5 | ⌐◠∧▷ | | | |
| 6 | >◁∟▷ | | | |
| 7 | ◖∪▷▷ | | | |

♣ 이름 :

♣ 날짜 :

♣ 시간 :    시    분 ~    시    분

확인

# ♣ 경시 대회 예상 문제

**1.** 다음 시각을 읽어 보시오.

(1)                        (2)

☐ 시 ☐ 분 전         ☐ 시 ☐ 분 전

**2.** 승우는 점심 식사를 하고 나서 **2시**에 서점으로 책을 사러 갔습니다. 집에 돌아와서 시계를 보니 **3시 25분**이었습니다. 승우가 책을 사러 갔다가 집으로 돌아올 때까지 걸린 시간은 몇 시간 몇 분입니까?

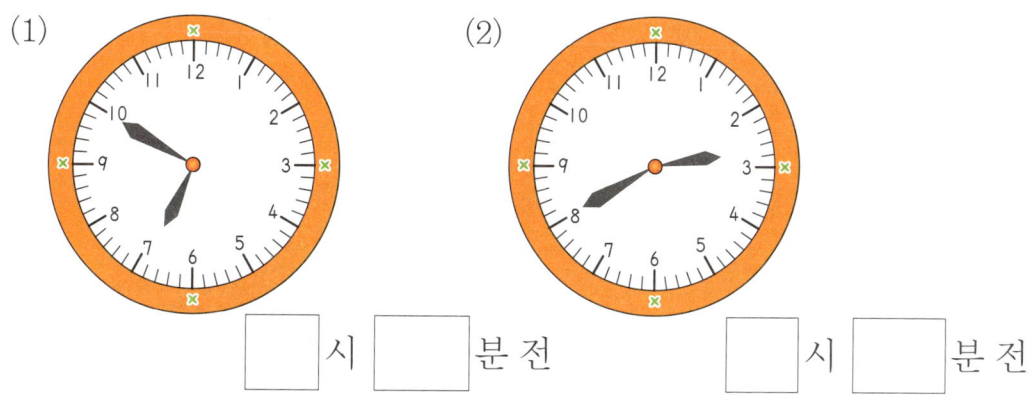

[답]

**3.** 다음 ☐ 안에 오전과 오후를 알맞게 써 보시오.

아현이는 ☐ 6시에 일어나서 아침 운동을 합니다. 그리고 ☐

9시에는 잠자리에 듭니다.

4. 어느 해 3월 1일은 목요일이고 마지막 날인 31일은 토요일입니다. 민수네 학교에서는 금요일마다 특별 활동을 합니다. 3월달에는 특별 활동을 몇 번이나 할 수 있습니까?

[답]

5. 다음을 읽고 시각에 맞게 시계 바늘을 그려 넣으시오.

종미는 일요일 오후 2시에 친구들과 만나서 야구장으로 출발했습니다. 야구장까지 가는 데 걸린 시간은 30분이었고, 야구 경기는 종미가 야구장에 도착한 지 3시간 후에 끝났습니다.

(1)
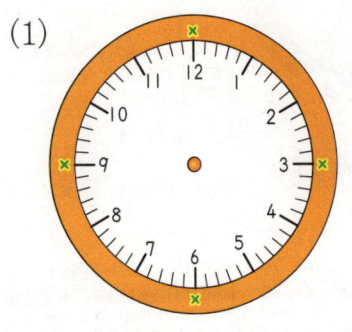

[야구장에 도착한 시각]

(2)
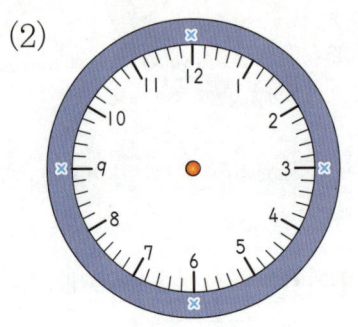

[야구 경기가 끝난 시각]

★ 이름 :

★ 날짜 :

★ 시간 :    시    분 ~    시    분

확인

**6.** 다음을 곱셈식으로 나타내시오.

(1) 2씩 6묶음은 12입니다.    [식]

(2) 4명씩 8모둠은 32명입니다.    [식]

(3) 6의 6배는 36입니다.    [식]

(4) 8 곱하기 8은 64입니다.    [식]

(5) 3과 4의 곱은 12입니다.    [식]

**7.** 색종이를 은비는 8장씩 6묶음 묶었고, 단비는 7장씩 9묶음 묶었습니다. 은비와 단비가 묶은 색종이는 각각 몇 장인지 곱셈식으로 나타내시오.

(1) 은비 :

(2) 단비 :

**8.** 다음 그림을 보고 만들 수 있는 곱셈식을 3개씩 쓰시오.

(1)

(2)

_____

_____

_____

_____

_____

_____

**9.** 전깃줄에 참새가 9마리 앉아 있습니다. 전깃줄에 앉아 있는 참새의 다리는 모두 몇 개입니까?

[식] _____ [답] _____

**10.** 주차장에 바퀴가 6개인 버스가 7대 있습니다. 주차장에 있는 버스의 바퀴는 모두 몇 개입니까?

[식] _____ [답] _____

사고력도 탄탄! 창의력도 탄탄!
기탄고력수학

F3

F166a ~ F180b

## 학습 관리표

| 학습 내용 | | 이번 주는? |
|---|---|---|
| 확인 학습 | · 한 학기 동안 학습한 세 자리 수, 덧셈과 뺄셈(1), 여러 가지 모양, 덧셈과 뺄셈(2), 길이 재기, 식 만들기, 시간 알아보기, 곱셈의 총정리<br>· 창의력 학습<br>· 경시 대회 예상 문제<br>· 종료 테스트 | • 학습 방법 : ① 매일매일  ② 가끔  ③ 한꺼번에<br> 하였습니다.<br>• 학습 태도 : ① 스스로 잘  ② 시켜서 억지로<br> 하였습니다.<br>• 학습 흥미 : ① 재미있게  ② 싫증내며<br> 하였습니다.<br>• 교재 내용 : ① 적합하다고  ② 어렵다고  ③ 쉽다고<br> 하였습니다. |

| 지도 교사가 부모님께 | 부모님이 지도 교사께 |
|---|---|
| | |

| 평가 | Ⓐ 아주 잘함 | Ⓑ 잘함 | Ⓒ 보통 | Ⓓ 부족함 |
|---|---|---|---|---|

원(교)          반     이름          전화

기초부터 탄탄하게
기탄교육
www.gitan.co.kr / (02)586-1007(대)

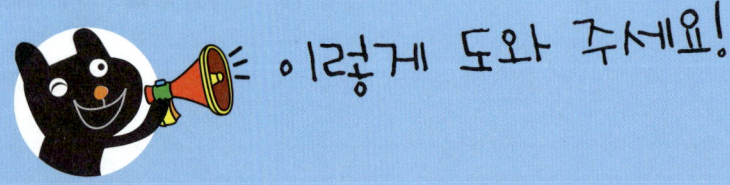

이렇게 도와 주세요!

● 학습 목표
- 세 자리 수를 이해할 수 있다.
- 받아올림과 받아내림이 있는 두 자리 수의 덧셈과 뺄셈을 할 수 있다.
- 여러 가지 도형을 알고, 쌓기나무로 만들어진 모양을 보고 똑같이 만들거나 쌓기
  나무를 이용하여 여러 가지 모양을 만들 수 있다.
- cm의 개념을 알고 길이 재기를 할 수 있다.
- 식에 알맞은 문제를 만들 수 있다.
- 시각과 시간의 차이를 알고 시간을 구할 수 있다.
- 곱셈식의 뜻을 이해하고 덧셈식과 곱셈식의 관계를 알 수 있다.

● 지도 내용
- 백(100)과 몇 백의 개념을 알고 세 자리 수를 이해하도록 한다.
- 받아올림과 받아내림이 있는 두 자리 수의 덧셈과 뺄셈을 많이 풀어 보도록 한다.
- 사각형, 삼각형, 원 등의 도형을 알고 쌓기나무로 여러 가지 모양을 만들 수 있게 한다.
- cm의 개념을 알고 길이 재기를 할 수 있도록 한다.
- 어떤 수(□)의 값을 구하고 식에 알맞은 문제를 만들 수 있도록 한다.
- 생활 속의 상황에서 시각과 시간을 이해하고, 시간을 구할 수 있도록 한다.
- 묶어 세기를 먼저 해 보고, 실생활에서 곱셈을 활용할 수 있음을 알게 한다.

● 지도 요점
앞에서 학습한 세 자리 수, 덧셈과 뺄셈, 여러 가지 모양, 길이 재기, 식 만들기, 시간
알아보기, 곱셈의 총정리 주입니다.
한 학기의 총정리 단계이므로 학습한 내용을 하나하나 되새겨 보는 주로 활용할 수
있도록 지도해 주십시오. 그리고 종료 테스트를 이용하여 주어진 시간 내에 주어진
문제를 푸는 연습을 하도록 지도해 주십시오.

🐸 다음 ☐ 안에 알맞은 수를 써넣으시오.(1~2)

1. 867보다
   - 3 큰 수는 ☐ 입니다.
   - 40 큰 수는 ☐ 입니다.
   - 100 큰 수는 ☐ 입니다.

2. 607에서
   - 백의 자리 숫자 ☐ 은 ☐
   - 십의 자리 숫자 ☐ 은 ☐  을 나타냅니다.
   - 일의 자리 숫자 ☐ 은 ☐

🐸 다음을 숫자로 써 보시오.(3~6)

3. 팔백십칠 : _____

4. 오백십 : _____

5. 구백구 : _____

6. 삼백오십 : _____

확인 학습

🦴 다음 ☐ 안에 알맞은 수를 써넣으시오.(7~8)

**7.**
100이 6 ⎤
10이 4 ⎬ 인 수는 ☐ 입니다.
1이 7 ⎦

**8.** 809는
⎡ 100이 ☐ ⎤
⎢ 10이 ☐ ⎥ 인 수입니다.
⎣ 1이 ☐ ⎦

🦴 뛰어 세기를 하여 ☐ 안에 알맞은 수를 써넣으시오.(9~12)

**9.** 580 — 585 — ☐ — 595 — ☐ — ☐

**10.** 600 — 650 — ☐ — ☐ — ☐ — 850

**11.** 405 — ☐ — 605 — ☐ — 805 — ☐

**12.** 150 — 180 — ☐ — ☐ — ☐ — ☐

확인 학습

🐸 이름 :

🐸 날짜 :

🐸 시간 :  시   분 ~  시   분

확인

🐸 다음 두 수의 크기를 비교하여 ○ 안에 >, <를 알맞게 써넣으시오.(1~5)

1. 459보다 50 큰 수  ◯  510보다 5 작은 수

2. 100이 6인 수  ◯  100이 8인 수

3. 829보다 1 큰 수  ◯  830보다 1 작은 수

4. 829  ◯  735

5. 912  ◯  921

6. 다음 빈 곳에 알맞은 수를 써넣으시오.

| 백의 자리 | 십의 자리 | 일의 자리 | 수 |
|---|---|---|---|
| 6 | 7 | 8 |  |
|  |  | 5 | 305 |
| 5 | 5 |  | 550 |

🐸 다음 ☐ 안에 알맞은 수를 써넣으시오.(7~8)

7. 599보다 1 큰 수  ☐

8. 779보다 30 큰 수  ☐

확인 학습

다음 숫자 카드를 한 번씩만 사용하여 세 자리 수를 만들려고 합니다. 물음에 답하시오.(9~13)

| 0 | 1 | 2 | 3 | 4 | 5 | 6 | 7 | 8 | 9 |

**9.** 만들 수 있는 가장 큰 세 자리 수를 쓰시오.

[답]

**10.** 만들 수 있는 가장 작은 세 자리 수를 쓰시오.

[답]

**11.** 백의 자리 숫자가 6인 세 자리 수 중에서 가장 큰 수를 쓰시오.

[답]

**12.** 십의 자리 숫자가 2인 세 자리 수 중에서 가장 작은 수를 쓰시오.

[답]

**13.** 백의 자리 숫자가 9, 일의 자리 숫자가 5인 세 자리 수는 모두 몇 개입니까?

[답]

★ 이름 :

★ 날짜 :

★ 시간 :     시    분 ~    시    분

확인

🐸 다음 계산을 하시오.(1~8)

1.
```
   5 8
 +   9
```

2.
```
   9 9
 +   1
```

3.
```
   7 2
 -   5
```

4.
```
   5 3
 -   8
```

5.  46+5=

6.  95+7=

7.  80-3=

8.  22-6=

9.  다음 ☐ 안에 알맞은 수를 써넣으시오.

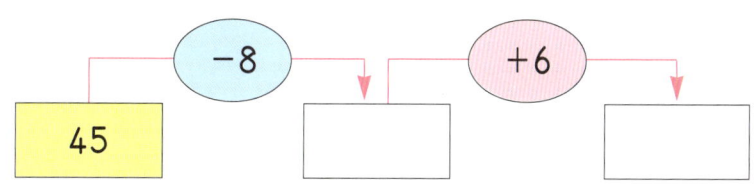

**10.** 다음 빈 곳에 알맞은 수를 써넣으시오.

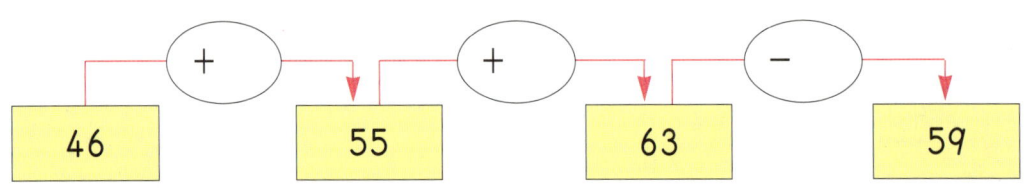

🔸 다음 계산을 하시오.(11~18)

**11.** $56+8+6=$

**12.** $6+48+7=$

**13.** $85-7-9=$

**14.** $92-7-8=$

**15.** $48+3-9=$

**16.** $70-2+5=$

**17.** $78-9+4=$

**18.** $61-5+4=$

**1.** 예솔이네 학교 2학년 여자 어린이 38명 중에서 언니가 있는 어린이는 9명입니다. 언니가 없는 어린이는 몇 명입니까?

[식]                                        [답]

**2.** 사탕이 25개 있었습니다. 처음에 8개를 먹고 나중에 9개를 먹었습니다. 사탕은 몇 개 남았습니까?

[식]                                        [답]

**3.** 색종이가 50장 있었습니다. 미술 시간에 8장을 사용하고, 집에 올 때에 문구점에서 20장을 새로 샀습니다. 색종이는 몇 장입니까?

[식]                                        [답]

🔸 다음 [보기]와 같이 계산이 맞도록 필요 없는 수에 ✕표 하시오.(4~7)

| 보기 | 5+6+7+15=27 |
|------|-------------|

4. 41+8+5+6=52

5. 5+7+63+8=78

6. 72-4-5-7=63

7. 54-9-5-3=46

8. 쌀가게에 쌀이 15자루, 보리가 7자루, 찹쌀이 2자루, 팥이 4자루 있습니다. 쌀, 보리, 찹쌀, 팥은 모두 몇 자루입니까?

[식]                                    [답]

9. 형은 구슬 35개 중에서 8개는 동생에게 주고, 9개는 친구에게 주었습니다. 구슬은 몇 개 남았습니까?

[식]                                    [답]

🌸 이름 :

🌸 날짜 :

🌸 시간 : 시 분 ~ 시 분

확인

**1.** 다음 도형을 보고 ☐ 안에 알맞은 말을 써넣으시오.

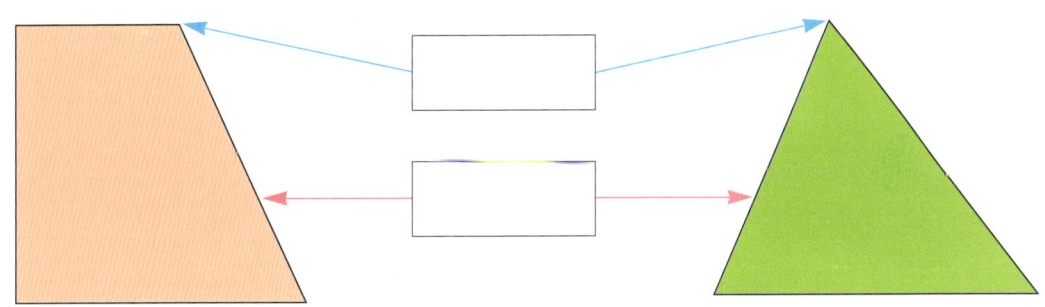

🐸 다음 도형을 읽어 보시오.(2~3)

**2.** ㄱ                      ㄴ      (                 )

**3.**           ㄷ          ㄹ      (                 )

**4.** 다음 점들을 이용하여 삼각형과 사각형을 그려 보시오.

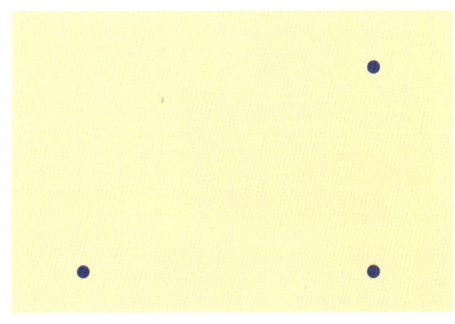 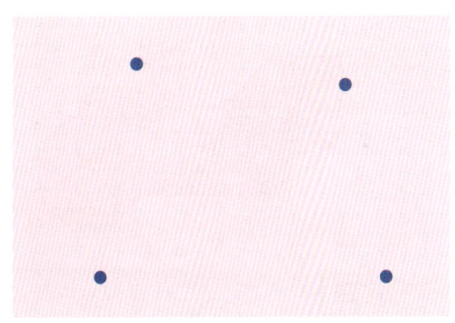

확인 학습

**5.** 오른쪽 모양이 왼쪽 모양과 똑같아지기 위해서는 몇 개의 쌓기나무를 빼내야 합니까?

[답]

**6.** 왼쪽 모양을 오른쪽 모양과 똑같게 만들려면, 어떤 쌓기나무를 어디로 움직여야 하는지 알아보시오.

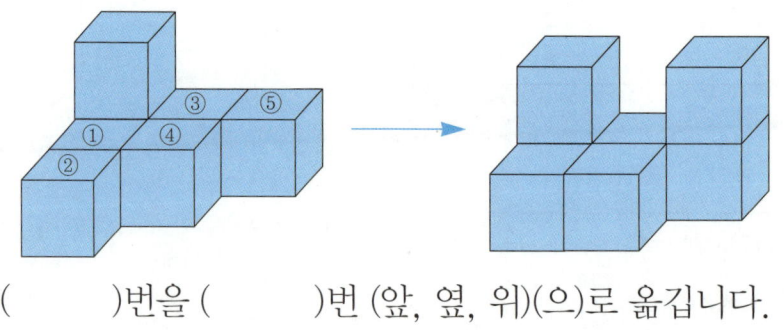

(　　　)번을 (　　　)번 (앞, 옆, 위)(으)로 옮깁니다.

**7.** 다음은 쌓기나무 몇 개로 만든 모양인지 알아보시오.

(1)

(2)

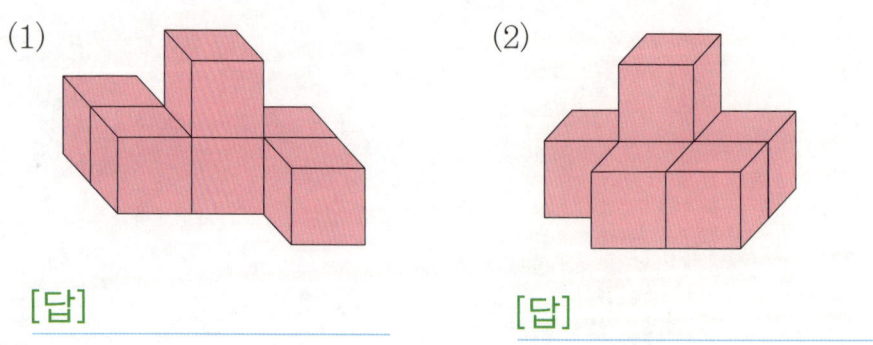

[답]　　　　　　　　　　　　[답]

✿ 이름 :

✿ 날짜 :

✿ 시간 :　　　시　　분 ~ 　　시　　분

확인

😊 규칙에 따라 ☐ 안에 알맞은 수를 써넣으시오.(1~3)

**1.** 1,　3,　5,　☐ ,　☐ ,　11,　☐ ,　☐

**2.** 2,　4,　☐ ,　8,　10,　☐ ,　☐ ,　☐

**3.** 85,　☐ ,　75,　☐ ,　65,　☐ ,　☐ ,　☐

😊 규칙에 따라 알맞게 색칠하시오.(4~5)

**4.** 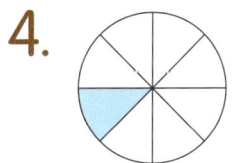　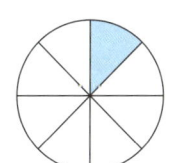　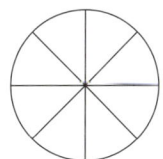　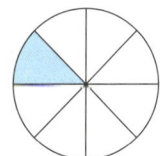　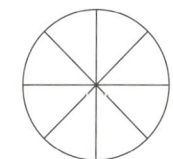

**5.** 　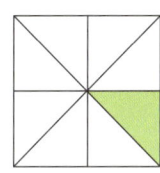　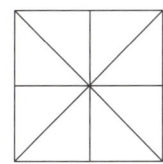　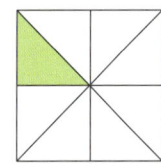　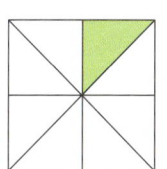

**6.** 규칙에 따라 빈 곳에 알맞은 그림을 그려 넣으시오.

⬤ ▲ (　　) ⬛ ⬤ ▲ ▲ (　　) ⬤ ▲ ▲ ⬛ (　　) ▲

확인 학습

👻 다음 계산을 하시오.(7~14)

7.
```
   4 7
 + 5 9
```

8.
```
   8 6
 + 9 4
```

9.
```
   3 7
 + 7 3
```

10.
```
   5 6
 + 4 8
```

11.
```
   8 2
 - 2 6
```

12.
```
   9 5
 - 4 9
```

13.
```
   9 0
 - 5 5
```

14.
```
   8 0
 - 7 1
```

✿ 이름 :

✿ 날짜 :

✿ 시간 :   시   분 ~   시   분

확인

**1.** 다음 그림을 보고 덧셈식과 뺄셈식을 각각 1개씩 쓰시오.

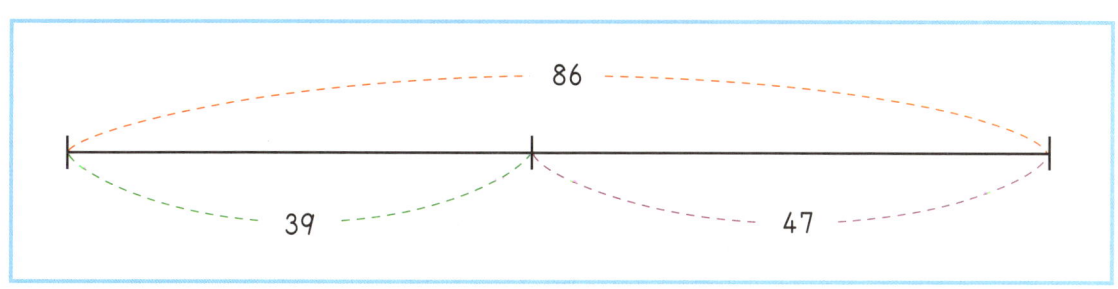

　(1) 덧셈식 : _____

　(2) 뺄셈식 : _____

🐸 다음 ☐ 안에 알맞은 수를 써넣으시오.(2~5)

**2.**  $62 - \boxed{\phantom{00}} = 19$

**3.**  $46 + \boxed{\phantom{00}} = 83$

**4.**  $\boxed{\phantom{00}} - 27 = 65$

**5.**  $\boxed{\phantom{00}} + 34 = 92$

**6.** 처음에 귤이 몇 개 있었습니다. 오늘 시장에서 35개를 사 와서 모두 72개가 되었습니다. 처음에 있던 귤은 몇 개입니까?

[식]

[답]

확인 학습

F-172b

😀 다음 계산을 하시오.(7~10)

**7.** 93−37+18=

**8.** 45+47−29=

**9.** 82−17−26=

**10.** 25+48+33=

😀 다음 빈 곳에 알맞은 수를 써넣으시오.(11~12)

**11.**

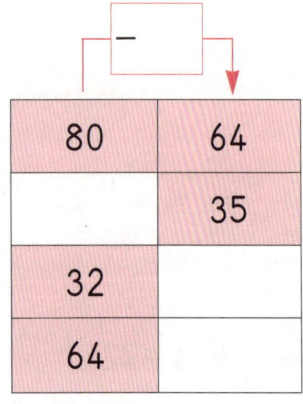

**12.**

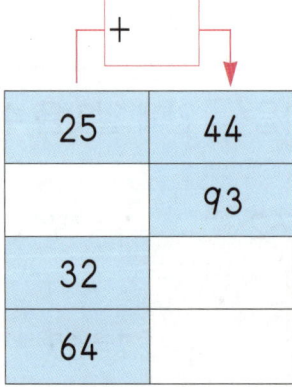

**13.** 95쪽짜리 동화책을 읽고 있습니다. 첫날은 36쪽, 둘째 날은 45쪽을 읽었습니다. 이 동화책을 다 읽으려면 몇 쪽을 더 읽어야 합니까?

[식]                                    [답]

❀ 이름 :

❀ 날짜 :

❀ 시간 :　　　시　　　분 ~　　　시　　　분

확인

1. 다음 카드를 사용하여 덧셈식과 뺄셈식을 각각 2개씩 만들어 보시오.

| 58 | , | 37 | , | 95 | , | + | , | − | , | = |

(1) 덧셈식

(2) 뺄셈식

2. 이모의 나이는 28살이고, 엄마의 나이는 이모보다 8살 더 많습니다. 이모와 엄마의 나이의 합은 모두 몇 살입니까?

[식]　　　　　　　　　　　　　　　　　　　　[답]

3. 오빠와 내가 가지고 있는 사탕은 모두 15개입니다. 오빠는 나보다 5개 더 많이 가지고 있습니다. 내가 가지고 있는 사탕은 몇 개입니까?

[답]

확인 학습

👻 다음은 단위길이의 몇 배인지 쓰시오.(4~5)

단위길이

4.　( 　　　 )

5.　( 　　　 )

👻 세 종류의 단위길이와 색 테이프가 있습니다. 다음 물음에 답하시오.(6~8)

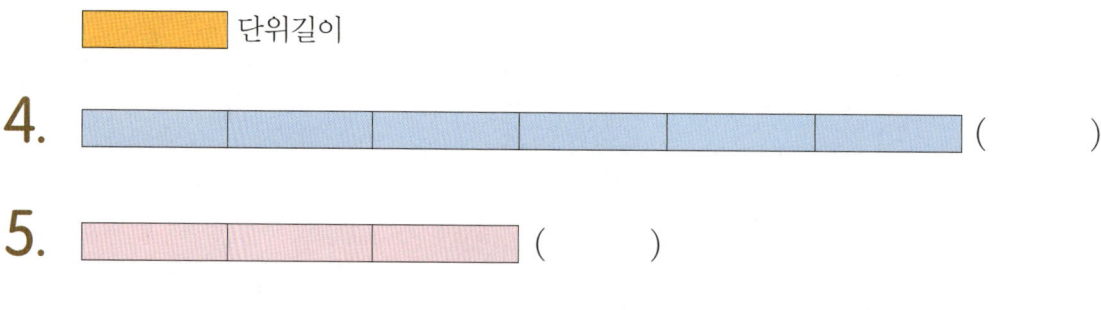

| 단위길이 | 색 테이프의 길이 |
|---|---|
| 단위길이 ㉮ | ( 　　　 )배 |
| 단위길이 ㉯ | ( 　　　 )배 |
| 단위길이 ㉰ | ( 　　　 )배 |

6. 위 표의 빈 곳에 알맞은 수를 써넣으시오.

7. 어느 단위길이로 재어 나타낸 수가 가장 큽니까?

[답]

8. 단위길이가 짧을수록 재어 나타낸 수는 큽니까? 작습니까?

[답]

🌸 이름 :

🌸 날짜 :

🌸 시간 :　　시　　분 ~　　시　　분

확인

🐸 다음 색 테이프의 길이는 몇 cm인지 알아보시오.(1~3)

**1.**

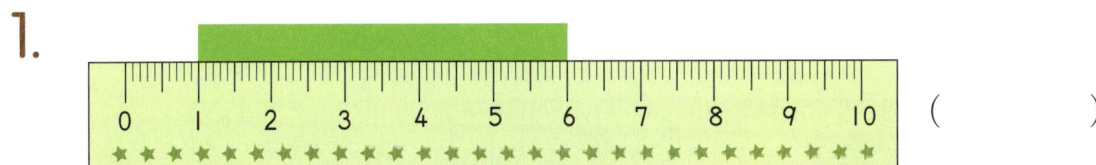

(　　　　　)

**2.**

(　　　　　)

**3.**

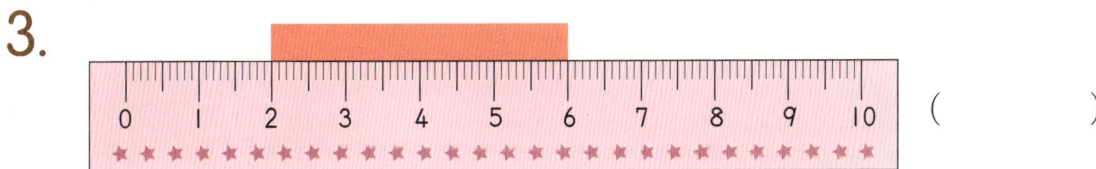

(　　　　　)

🐸 다음 길이만큼 점선을 따라 선을 그어 보시오.(4~6)

**4.** 4 cm : |- - - - - - - - - - - - - - - - - - - - - - - - - - - |

**5.** 6 cm : |- - - - - - - - - - - - - - - - - - - - - - - - - - - |

**6.** 10 cm : |- - - - - - - - - - - - - - - - - - - - - - - - - - - |

확인 학습

다음 □ 안에 알맞은 수를 써넣으시오.(7~9)

**7.**

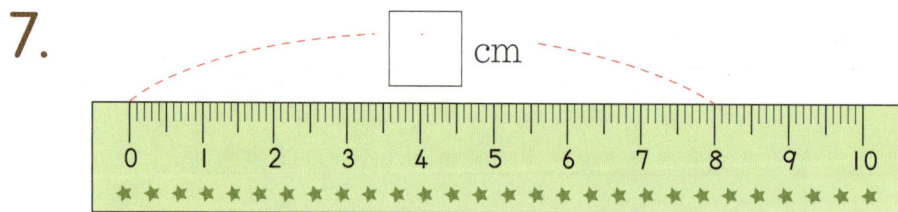

□ cm

**8.**

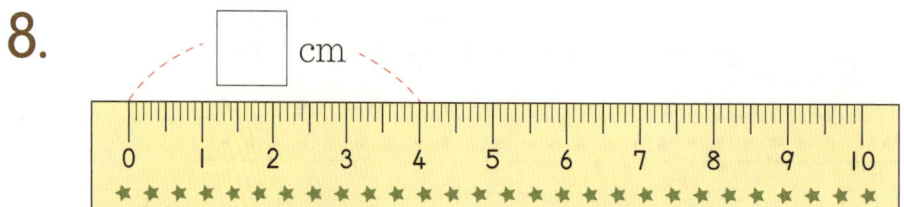

□ cm

**9.**

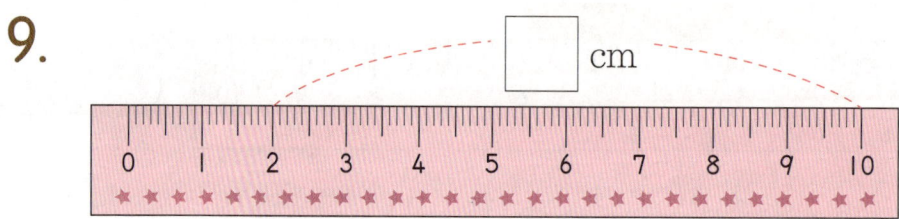

□ cm

다음 물음에 답하시오.(10~12)

**10.** 두 점을 곧게 이은 선을 무엇이라고 합니까?　[답]

**11.** 양쪽으로 끝없이 늘인 곧은 선을 무엇이라고 합니까? [답]

**12.** 4개의 선분으로 둘러싸인 도형의 이름을 쓰시오.　[답]

 확인 학습

♣ 이름 :

♣ 날짜 :

♣ 시간 :     시     분 ~     시     분

확인

🐸 □를 사용하여 덧셈식으로 나타내시오.(1~4)

**1.** 어떤 수와 45의 합     ⇒ _____

**2.** 어떤 수보다 12 큰 수  ⇒ _____

**3.** 36과 어떤 수의 합은 54와 같습니다.     ⇒ _____

**4.** 어떤 수보다 26 큰 수는 80과 같습니다.  ⇒ _____

**5.** 다음 그림을 보고 덧셈식으로 나타내시오.

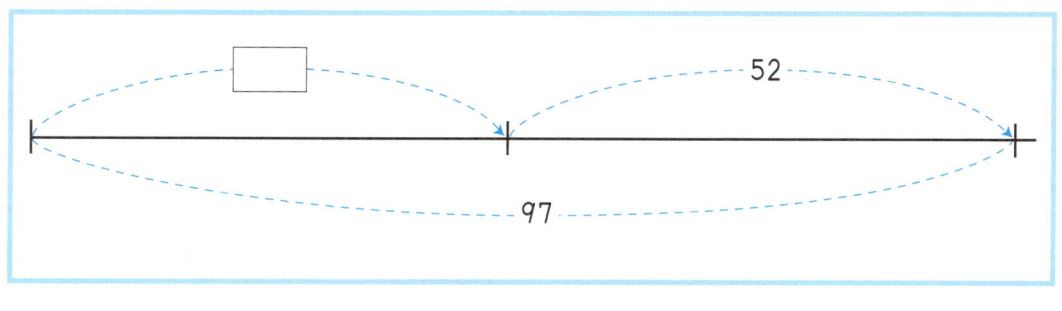

[식] _____

**6.** 다음 그림을 보고 뺄셈식으로 나타내시오.

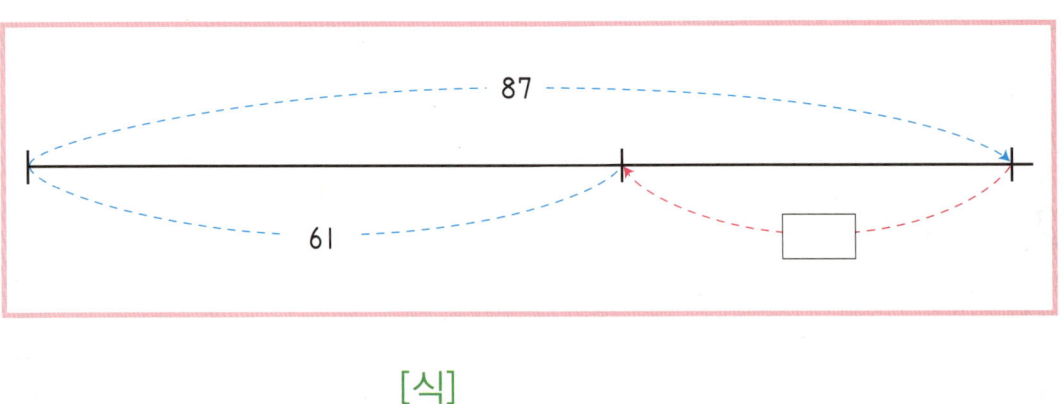

[식] _____

 □를 사용하여 뺄셈식으로 나타내시오.(7~10)

**7.** 어떤 수에서 15를 뺀 수 ⇒ _____

**8.** 어떤 수보다 25 작은 수 ⇒ _____

**9.** 35에서 어떤 수를 빼면 15와 같습니다. ⇒ _____

**10.** 어떤 수보다 27 작은 수는 14입니다. ⇒ _____

확인 학습

♣ 이름 :

♣ 날짜 :

♣ 시간 :    시    분 ~    시    분

확인

🐸 □를 사용하여 식으로 나타내고 답을 구하시오.(1~2)

**1.** 어떤 수에 37을 더했더니 90이 되었습니다. 어떤 수는 얼마입니까?

[식]                                          [답]

**2.** 달걀이 12개 있었는데 오늘 시장에서 몇 개를 더 사 와서 모두 41개가 되었습니다. 오늘 더 사 온 달걀은 몇 개입니까?

[식]                                          [답]

🐸 다음 □ 안에 알맞은 수를 써넣으시오.(3~8)

**3.** $15 + 7 - \boxed{\phantom{00}} = 9$

**4.** $81 - 29 - \boxed{\phantom{00}} = 22$

**5.** $\boxed{\phantom{00}} + 24 + 18 = 91$

**6.** $\boxed{\phantom{00}} - 15 + 34 = 51$

**7.** $15 + \boxed{\phantom{00}} - 19 = 31$

**8.** $52 - \boxed{\phantom{00}} + 19 = 31$

🐹 △를 사용하여 식으로 나타내고 답을 구하시오.(9~13)

**9.** 15와 어떤 수의 합은 51입니다.

[식] _____     [답] _____

**10.** 어떤 수보다 15 작은 수는 63입니다.

[식] _____     [답] _____

**11.** 73보다 어떤 수만큼 작은 수는 36과 같습니다.

[식] _____     [답] _____

**12.** 어떤 수보다 26 큰 수는 64와 같습니다.

[식] _____     [답] _____

**13.** 상자 속에 사과 몇 개와 배 57개가 있습니다. 사과와 배를 합하면 모두 72개입니다. 사과는 몇 개입니까?

[식] _____     [답] _____

✿ 이름 :

✿ 날짜 :

✿ 시간 :  시  분 ~  시  분

확인

🐸 다음 시각을 읽어 보시오.(1~4)

**1.**

□ 시 □ 분

**2.**

□ 시 □ 분

**3.**

□ 시 □ 분 전

**4.**

□ 시 □ 분 전

🐸 다음 □ 안에 알맞은 수를 써넣으시오.(5~8)

**5.** 2시간 5분 = □ 분

**6.** 3주일 3일 = □ 일

**7.** 19개월 = □ 년 □ 개월

**8.** 155분 = □ 시간 □ 분

확인 학습

**9.** 야구 경기가 오후 1시 50분에 시작되어 2시간 반 만에 끝났습니다. 야구 경기가 끝난 시각은 언제입니까?

[답] _____

**10.** 시계의 긴바늘은 하루에 몇 바퀴 돕니까?

[답] _____

**11.** 시계의 짧은바늘은 숫자 2와 3 사이에 있고, 긴바늘은 숫자 9를 가리키면 몇 시 몇 분입니까?

[답] _____

**12.** 다음 그림을 보고 곱셈식을 쓰시오.

3 × □ = □

4 × □ = □

6 × □ = □

8 × □ = □

확인 학습

✿ 이름 :

✿ 날짜 :

✿ 시간 :　시　　분 ~　시　　분

확인

## 🌏 창의력 학습

🔵 안의 두 수를 더하였더니 각 줄의 합이 다음과 같았습니다. 🔵 안에 알맞은 수를 찾아보시오.

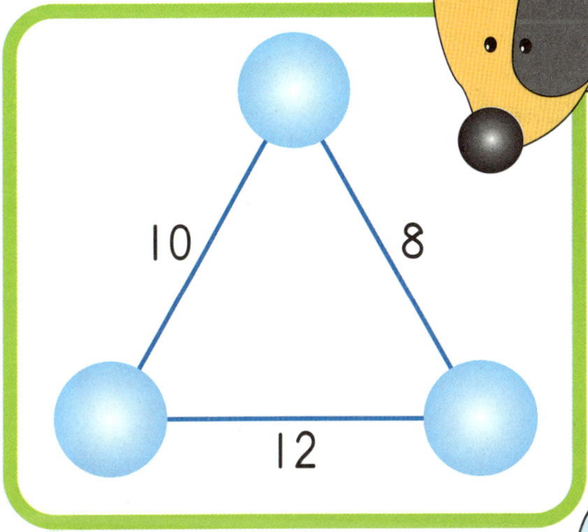

10    8

12

🟡 안에 1, 2, 3, 4, 5, 6을 한 번씩만 써넣어 각 줄의 합이 14가 되도록 해 보시오.

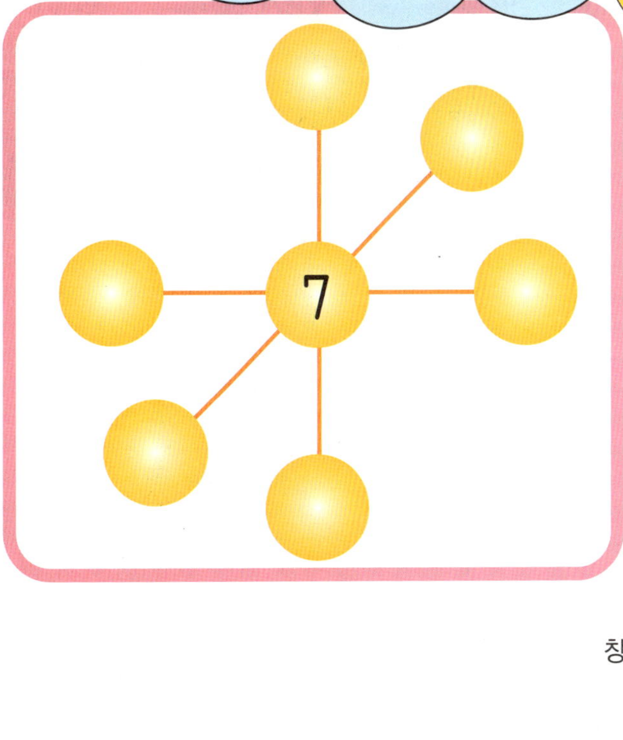

7

3개의 나뭇잎을 움직여서 전체 삼각형의 방향을 거꾸로 바꿀 수 있습니다.
어떻게 하면 됩니까?

🌟 이름 :
🌟 날짜 :
🌟 시간 :    시    분 ~    시    분

확인

# ➕ 경시 대회 예상 문제

**1.** 다음 ☐ 안에 알맞은 수를 써넣으시오.

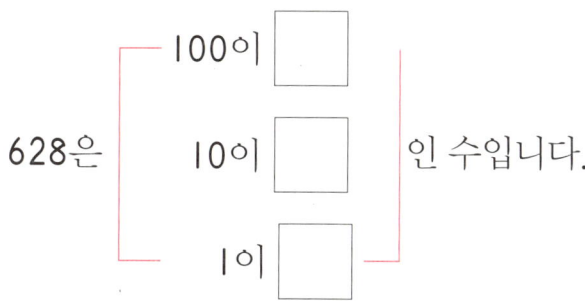

628은
┌ 100이 ☐
│ 10이 ☐  인 수입니다.
└ 1이 ☐

**2.** 세 자리 수 중에서 가장 큰 수와 가장 작은 수를 쓰시오.

(1) 가장 큰 수 :

(2) 가장 작은 수 :

**3.** 민호네 집에 사탕이 35개 있었습니다. 10명의 친구들이 와서 사탕을 1개씩 먹고, 나중에 5명의 친구들이 더 와서 사탕을 1개씩 먹었습니다. 남은 사탕은 몇 개입니까?

[식]                          [답]

**4.** 창수는 문구점에 가서 연필 한 다스를 사 가지고 왔습니다. 그런데 집에 와 보니 전에 사 두었던 연필 두 다스가 있었습니다. 창수가 가지고 있는 연필은 모두 몇 자루입니까?

[답]

5. 쌓기나무의 개수를 비교하여 ○ 안에 >, <를 알맞게 써넣으시오.

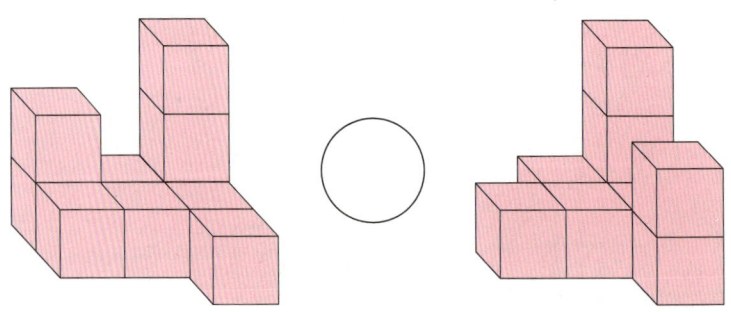

6. 규칙에 따라 다음 빈 곳에 알맞게 색칠하시오.

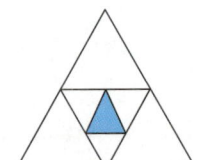 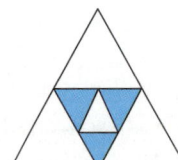 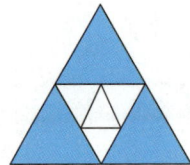 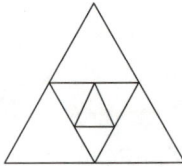 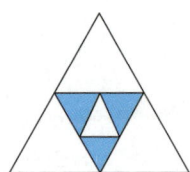

7. 다음 그림을 보고 덧셈식과 뺄셈식을 각각 2개씩 쓰시오.

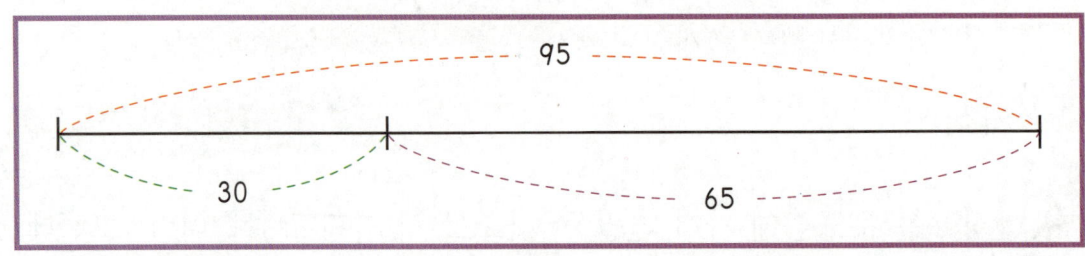

(1) 덧셈식 : _____ , _____

(2) 뺄셈식 : _____ , _____

F-180a

**8.** 3주일은 며칠입니까? 곱셈식을 쓰고 답을 구하시오.

[식] [답]

**9.** 동생의 나이는 5살입니다. 형의 나이는 동생의 나이의 2배입니다. 형의 나이는 몇 살입니까?

[식] [답]

**10.** 토끼가 7마리 있습니다. 토끼의 다리는 모두 몇 개입니까?

[식] [답]

**11.** 달걀이 1줄에 6개씩 5줄 놓여 있습니다. 달걀은 모두 몇 개입니까?

[식] [답]

**12.** 4개씩 5묶음과 4개씩 6묶음의 차는 몇 개입니까?

[식] [답]

경시 대회 예상 문제

**13.** 주차장에 바퀴가 4개인 승용차가 8대 있고, 바퀴가 6개인 버스가 7대 있습니다. 주차장에 있는 승용차와 버스의 바퀴는 모두 몇 개입니까?

[식]                                    [답]

**14.** 큰별이는 윗몸일으키기를 어제는 8회 하였고, 오늘은 어제보다 3배 더 많이 하였습니다. 큰별이는 어제와 오늘 이틀 동안 윗몸일으키기를 모두 몇 회 하였습니까?

[식]                                    [답]

**15.** 4명의 친구가 가위바위보를 하였는데 4명 모두 보를 냈습니다. 이때, 펼친 손가락의 수는 모두 몇 개입니까?

[식]                                    [답]

**16.** 큰 것부터 차례로 기호를 쓰시오.

| | |
|---|---|
| ㉠ 4씩 6줄 | ㉡ 6×5 |
| ㉢ 7+7+7+7 | ㉣ 9의 3배 |

[답]

☐ 20~18문항 : Ⓐ 아주 잘함
☐ 17~15문항 : Ⓑ 잘함
☐ 14~12문항 : Ⓒ 보통
☐ 11문항 이하 : Ⓓ 부족함

학습한 교재에 대한 성취도가 매우 높습니다. ➡ 다음 단계인 F④집으로 진행하십시오.
학습한 교재에 대한 성취도가 충분합니다. ➡ 다음 단계인 F④집으로 진행하십시오.
다음 단계로 나가는 능력이 약간 부족합니다. ➡ F③집을 복습한 다음 F④집으로 진행하십시오.
다음 단계로 나가기에는 능력이 아주 부족합니다. ➡ F③집을 처음부터 다시 학습하십시오.

**1.** 다음 ☐ 안에 알맞은 수나 말을 써넣으시오.

(1) 100이 3이면 ☐ 이라 쓰고, ☐ 이라고 읽습니다.

(2) 100이 ☐ 이면 700이라 쓰고, ☐ 이라고 읽습니다.

**2.** 다음 ☐ 안에 알맞은 수나 말을 써넣으시오.

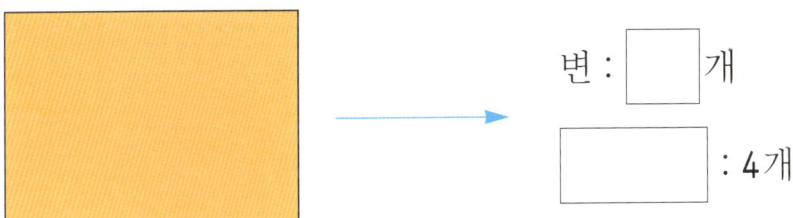

변 : ☐ 개

☐ : 4개

**3.** 다음 ☐ 안에 알맞은 수를 써넣으시오.

(1) 10 cm는 1 cm의 ☐ 배입니다.

(2) 1 cm의 20배는 ☐ cm입니다.

**4.** 다음을 식과 말로 나타내시오.

(1) 어떤 수에 8을 더하면 13입니다.

⇒ _____

(2) $9 + \square = 18$

⇒ _____

**5.** 십의 자리 숫자가 5, 일의 자리 숫자가 3인 두 자리 수보다 8 큰 수는 얼마입니까?

[식] _____   [답] _____

**6.** 다음 $\square$ 안에 알맞은 수를 써넣으시오.

(1) 30시간 = $\square$ 일 $\square$ 시간

(2) 21일 = $\square$ 주일

**7.** 다음 시각에 맞게 시계 바늘을 그려 넣으시오.

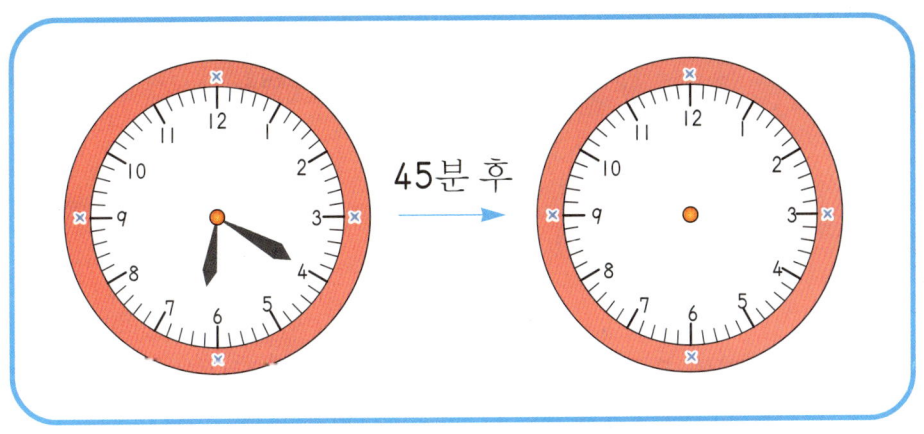

**8.** 민수네 반 어린이 32명 중에서 안경을 쓰지 않은 어린이는 18명입니다. 안경을 쓴 어린이는 몇 명입니까?

[식] _____ [답] _____

**9.** 어느 해 6월의 첫째 금요일은 1일입니다. 넷째 금요일은 며칠입니까?

[답] _____

**10.** 경표는 4시 50분에 운동을 시작하여 6시 10분에 끝냈습니다. 경표가 운동을 한 시간은 몇 시간 몇 분입니까?

[답] _____

**11.** 3반 학생들은 7명씩 5줄로 서 있고, 5반 학생들은 9명씩 4줄로 서 있습니다. 어느 반 학생들이 몇 명 더 많습니까?

[식] _____

[답] _____

**12.** 예성이네 집에는 닭 5마리와 강아지 8마리가 있습니다. 예성이네 집에 있는 닭과 강아지의 다리 수는 모두 몇 개입니까?

[식] _____       [답] _____

**13.** 정욱이는 책을 한 달에 5권씩 읽습니다. 정욱이가 7달 동안 읽은 책은 모두 몇 권입니까?

[식] _____       [답] _____

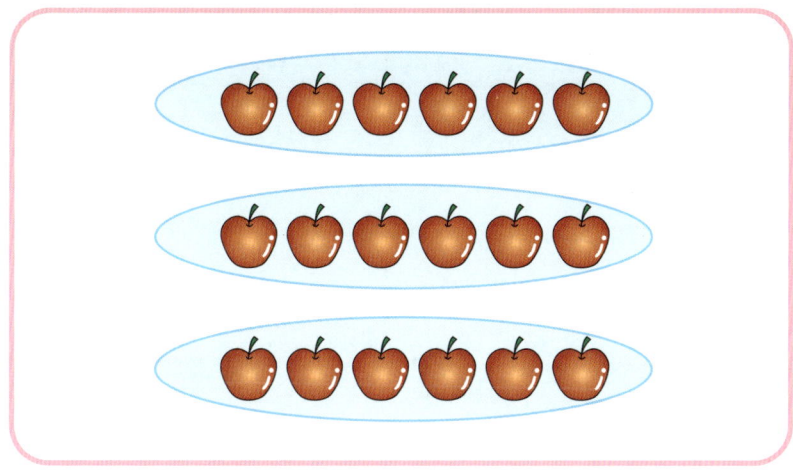

다음 그림을 보고 물음에 답하시오.(14~16)

14. 사과를 몇 개씩 묶었습니까?

[답]

15. 사과의 수를 덧셈식으로 나타내시오.

[식]

16. 사과의 수를 곱셈식으로 나타내시오.

[식]

17. 혜란이는 오늘 7시 10분 전에 일어나서 1시간 반 후에 학교에 도착했습니다. 혜란이가 학교에 도착한 시각은 몇 시 몇 분입니까?

[답]

**18.** 다음 ☐ 안에 알맞은 수를 써넣으시오.

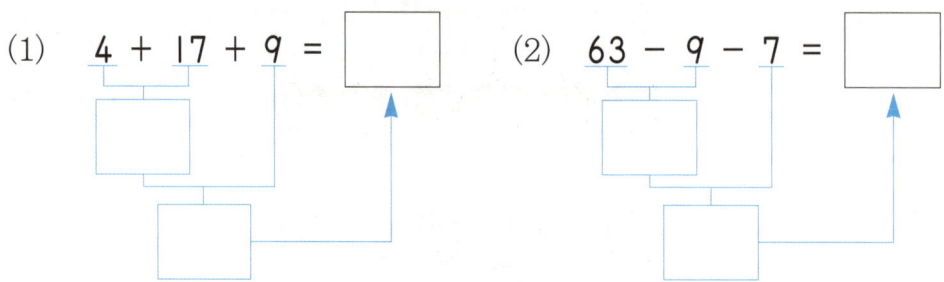

(1)  4 + 17 + 9 = ☐

(2)  63 − 9 − 7 = ☐

**19.** 곱이 같은 것끼리 선으로 이으시오.

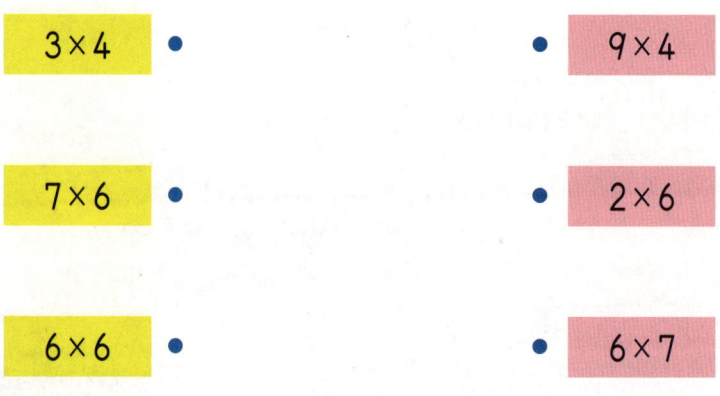

3×4 •        • 9×4

7×6 •        • 2×6

6×6 •        • 6×7

**20.** 사탕 20개를 형과 동생이 나누어 가졌습니다. 형이 가진 사탕이 동생이 가진 사탕의 3배라면, 동생이 가진 사탕은 몇 개입니까?

[답]

**121a**　1. 3시　2. 9시　3. 7시　4. 5시

**121b**　5. 10시 30분　6. 12시 30분
　　　　7. 3시 30분　8. 6시 30분

**122a**　1.　2.
　　　　3.　4.

**122b**　5.　6.
　　　　7.　8.
　　　　9.　10.

**123a**　1.

| 숫자 | 1 | 2 | 3 | 4 | 5 | 6 | 7 | 8 | 9 | 10 | 11 | 12 |
|---|---|---|---|---|---|---|---|---|---|---|---|---|
| 분 | 5 | 10 | 15 | 20 | 25 | 30 | 35 | 40 | 45 | 50 | 55 | 60 |

　　　　2. 1, 45　　3. 4, 55

**123b**　4. 12, 15　5. 5, 40
　　　　6. 3, 8　7. 9, 37

**124a**　1. 12, 35　2. 5, 2
　　　　3. 7, 53　4. 11, 36
　　　　5. 10, 10　6. 8, 22

**124b**　7.　8.

9.　10.
11.　12.

**125a**　1. 57　2. 50

**125b**　3. 60　4. 80　5. 100
　　　　6. 110　7. 1, 10　8. 1, 30
　　　　9. 1, 40　10. 2, 30
　　　　11. 80분　풀이 2시 10분에서 3시 10분까지는 1시간(60분)이고, 3시 10분에서 3시 30분까지는 20분입니다.

**126b**　1. 24　2. 오전, 오후
　　　　3. 12　4. 12　5. 12　6. 24
　　　　7. 20시간　풀이 오후 4시부터 밤 12시까지는 8시간이고, 밤 12시부터 낮 12시까지는 12시간입니다.

**127a**　1. 월요일
　　　　2. 2일, 9일, 16일, 23일, 30일
　　　　3. 13일

**127b**　4. 9일, 16일　5. 5월 19일
　　　　6. 14일, 21일　7. 24일
　　　　8. 10　9. 25
　　　　10. 1, 1　11. 2, 2

**128a**　1. 12개월
　　　　2. 1월, 3월, 5월, 7월, 8월, 10월, 12월
　　　　3. 4월, 6월, 9월, 11월
　　　　4. 28일 또는 29일

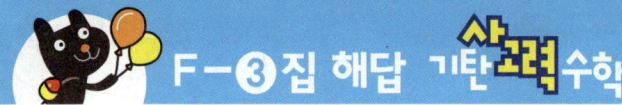
**128b**
5. 1월~12월　　6. 2월
7. 7번　　8. 7월 1일
9. 7월 31일　　10. 9월 1일

**129a**
1. 시　　2. 1　　3. 15
4. 3, 30　　5.

**129b**
6. 25분　풀이　1시 50분에서 2시까지는 10분이고, 2시에서 2시 15분까지는 15분입니다. 따라서 10+15=25(분) 걸렸습니다.

7. 90분　풀이　1시간+30분=60분+30분=90분

8. 오후 5시 30분　풀이　긴바늘이 두 바퀴 반을 돌았으므로 2시간 30분입니다.
3시 →2시간 5시 →30분 5시 30분

**130a**
1. 9, 반　　2. 2, 반

**130b**
3. 5, 10　4. 8, 15　5. 6, 5
6. 1, 11　7. 11, 1　8. 8, 8

**131a**
1. 2　2. 시각　3. 1, 30　4. 시간, 90

**131b**
5. 100분　풀이　1시간 10분은 70분이므로 모두 70+30=100(분)입니다.
6. 4시 20분　풀이　100분은 1시간 40분입니다.
2시 40분 →1시간 3시 40분
　→20분 4시
　→20분 4시 20분
7. 1시간 30분　　8. 5시 20분

**132a**
1. 2　2. 2, 30　3. 3　4. 3, 30
5. 4　6. 1　7. 110　8. 150

**132b** (top right)
9. 48　10. 60　11. 72　12. 81
13. 1, 2　14. 1, 16

**132b**
15. 14　16. 21　17. 1, 2　18. 2, 4
19. 19　20. 4, 2　21. 24　22. 30
23. 36　24. 44　25. 2, 2　26. 1, 5
27. 3, 4　28. 4, 2

**133a**

| 일 | 월 | 화 | 수 | 목 | 금 | 토 |
|---|---|---|---|---|---|---|
|  |  |  | 1 | 2 | 3 | 4 | 5 |
| 6 | 7 | 8 | 9 | 10 | 11 | 12 |
| 13 | 14 | 15 | 16 | 17 | 18 | 19 |
| 20 | 21 | 22 | 23 | 24 | 25 | 26 |
| 27 | 28 | 29 | 30 | 31 |  |  |

1. 5일, 12일, 19일, 26일
2. 목요일, 31일
3. 6월 1일　　4. 월요일

**133b**
5. 3월 15일　　6. 7월 6일
7. 4월, 6월, 9월, 11월　8. 2월
9. 0시부터 낮 12시까지
10. 11시간

**134a**
창의력 학습

**134b**
창의력 학습

**135a**

경시 대회 예상 문제

1. (1) 150   (2) 18   (3) 28
2. 22일
3. 42분   풀이  60-18=42(분)
4. 화요일 오전 8시 반
   풀이  짧은바늘이 한 바퀴 돌면 12시 간입니다.

**135b**

경시 대회 예상 문제

5. 9시 50분
   풀이  9시 →(40분) 9시 40분 →(10분) 9시 50분
6. (1) 3시 45분   (2) 3시 25분
   (3) 2시 45분
7. 6월 10일 오후 1시 20분
   풀이  오전 11시 50분→오후 12시 50분
   (1시간)
   →오후 1시
   (10분)
   →오후 1시 20분
   (20분)

**136a**
1. 2, 2, 2, 8   2. 3, 3, 3, 3, 15
3. 4, 4, 4, 16   4. 5, 5, 5, 5, 25

**136b**
5. 10   6. 18   7. 28   8. 40
9. 18   10. 14   11. 32   12. 45

**137a**
1. 4, 6, 8, 10   2. 6, 9, 12
3. 8, 12, 16   4. 15, 20, 25, 35
5. 18, 24, 36, 42

**137b**
6. 12   7. 15   8. 24

**138a**
1. 18   2. 20

**138b**
3. 10 15 20 — 20
4. 16 24 32 — 32
5. 18 27 36 — 36
6. 12 18 24 — 24

**139a**
1. 20, 5, 20   2. 18, 6, 3

**139b**
3. 18 ⇒ 2의 9배는 18
4. 24 ⇒ 3의 8배는 24
5. 28 ⇒ 4의 7배는 28
6. 30 ⇒ 5의 6배는 30
7. 30   8. 28   9. 24   10. 18

**140a**
1. 12, 12   2. 35, 7   3. 63, 9, 63

**140b**
4. 18, 18, 9   5. 32, 32, 4, 8, 32
6. 42, 42, 6, 7, 42

**141a**
1. 2×2, 2×4, 2×5, 2×6
2. 3×1, 3×3, 3×4, 3×5
3. 2, 2, 4

**141b**
4. ┌ 2+2+2+2=8
   └ 2×4=8
5. ┌ 7+7+7+7+7=35
   └ 7×5=35
6. ┌ 9+9+9+9+9+9=54
   └ 9×6=54
7. ┌ 4+4+4+4+4=20
   └ 4×5=20

**142a**
1. 6   2. 9
3. 20, 5, 20   4. 30, 6, 30
5. 9, 9, 9   6. 20, 20, 20

**142b**
7. 5의 9배는 45입니다
8. 6×8=48
9. 9의 9배는 81입니다, 9×9=81
10. ┌ 8+8+8+8+8=40
    └ 8×5=40

**143a**
1. 4, 2×2=4   2. 6, 2×3=6
3. 8, 2×4=8   4. 10, 2×5=10
5. 12, 2×6=12   6. 14, 2×7=14
7. 16, 2×8=16   8. 18, 2×9=18

9. 4, 7, 28
10. 5, 8, 40

**143b**
11. 28, 28, 28    12. 15, 3, 15
13. 72, 9, 72    14. 54, 6, 54
15. 56, 8, 56

**144a**
1. 54
2. 8+8+8+8+8+8+8+8, 64
3. 7+7+7+7+7+7+7, 49
4. 6+6+6+6+6+6, 36
5. 32    6. 35    7. 48    8. 28
9. 32    10. 54

**144b**
11. [식] 2×8=16    [답] 16개
12. [식] 4×7=28    [답] 28개
13. [식] 7×6=42    [답] 42명

**145a**
1. 30, 6, 30, 5, 6, 30
2. 20, 5, 20, 4, 5, 20
3. 6, 6, 36, 6, 6, 36

**145b**
4. [식] 6×5=30    [답] 30명
5. [식] 6×7=42    [답] 42개
6. 24개  풀이  (2×4)+(4×4)=8 +16=24

**146a**
1. 9, 15, 18    2. 8, 16, 20, 24
3. 10, 15, 25, 30
4. 14, 21, 28, 42    5. 18, 27, 45
6.

| × | 1 | 2 | 3 | 4 | 5 | 6 | 7 | 8 | 9 |
|---|---|---|---|---|---|---|---|---|---|
| 7 | 7 | 14 | 21 | 28 | 35 | 42 | 49 | 56 | 63 |

**146b**
7. 6×4=24, 24
8. 5×7=35, 35
9. 7×8=56    10. 8×6=48

**147a**
1. 4×9=36

2. 6×6=36
3. 9×4=36
4. 42    5. 21    6. 32    7. 81

**147b**
8. [식] 5×3=15    [답] 15개
9. [식] 8×7=56    [답] 56명
10. [식] 9×7=63    [답] 63번

**148a**
1. 8    2. 15    3. 16    4. 10
5. 12    6. 21    7. 24    8. 36
9. 14    10. 18    11. 28    12. 35
13. 54    14. 56    15. 64    16. 63

**148b**
17. 2×7, 14
18. 8×5, 40
19. 4×9, 36
20. 5×5, 25
21. 6×7, 42

**149a**
창의력 학습

**149b**
창의력 학습

| 🐢 | + | 11 | = | 20 |
|---|---|---|---|---|
| × | | − | | |
| 🦌7 | − | 🐰3 | = | 4 |
| = | | = | | |
| 🍚63 | − | 🐟8 | = | 55 |

**150a**
경시 대회 예상 문제
1. (1) 32    (2) 8, 4, 32
2. (1) 4, 4, 4, 4, 4, 4, 24
   (2) 4, 6, 24
3. [식] 8×7=56    [답] 56시간

**150b**
경시 대회 예상 문제
4. 예) (3, 6, 18), (6, 3, 18)
   (2, 9, 18), (9, 2, 18)

**5.** 38개

풀이 $(4 \times 6) + (2 \times 7) = 24 + 14 = 38$

**6.** 42장

풀이 $7 + (7 \times 5) = 7 + 35 = 42$

**7.** 8  풀이 $4 \times 8 = 32$, $4 \times 6 = 24$
이므로 $32 - 24 = 8$ 더 큽니다.

**151a**  **1.** 5  **2.** 10  **3.** 30

**4.**

| 숫자 | 1 | 2 | 3 | 4 | 5 | 6 | 7 | 8 | 9 | 10 | 11 | 12 |
|---|---|---|---|---|---|---|---|---|---|---|---|---|
| 분 | 5 | 10 | 15 | 20 | 25 | 30 | 35 | 40 | 45 | 50 | 55 | 60 |

**5.** (1) 12, 37  (2) 7, 50  (3) 11, 19

**151b**  **6.** (1)   (2)

(3) 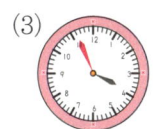  (4)

(5)   (6)

**7.** 5, 10  **8.** 12, 15  **9.** 2, 5

**152a**  **1.** 25분

**2.** 35분

풀이 1시 50분 →(10분) 2시
→(25분) 2시 25분

**3.** 90  **4.** 120

**5.** 1, 10  **6.** 2, 10

**152b**  **7.** 3시 50분  **8.** 5시 10분

**9.** 1시간 20분

풀이 3시 50분 →(1시간) 4시 50분
→(10분) 5시
→(10분) 5시 10분

**10.** 80분

**153a**  **1.** 오전  **2.** 오후

**3.** 6, 30  **4.** 9, 30

**5.** 6, 55

풀이 오전 6시 30분에서 25분 후는
오전 6시 55분입니다.

**153b**  **6.** 5일, 12일, 19일, 26일

풀이 첫째 일요일의 날짜에 7씩 더합
니다. 5일, $5+7=12$(일), $12+7=19$
(일), $19+7=26$(일)

**7.** 금  풀이 5월은 31일까지 있습
니다.

**8.** 7

**9.** 21  풀이 둘째 화요일이 14일이므
로 1주일 후는 $14+7=21$(일)입니다.

**10.** 27  풀이 둘째 월요일이 13일이므
로 2주일 후는 $13+14=27$(일)입니다.

**11.** 21  풀이 1주일은 7일이므로 3주
일은 $7+7+7=21$(일)입니다.

**12.** 25  풀이 1주일은 7일이므로 18
$+7=25$(일)입니다.

**154a**  **1.** 12개월

**2.** 1월, 3월, 5월, 7월, 8월, 10월,
12월

**3.** 4월, 6월, 9월, 11월

**4.** 28일 또는 29일

**5.** 18개월  풀이 1년은 12개월, 반
은 6개월입니다.

**6.** 24개월  풀이 1년은 12개월이므
로 2년은 $12+12=24$(개월)입니다.

**154b**  **7.** 24시간

**8.** 2바퀴

풀이 짧은바늘은 1~12를 오전에 1바
퀴, 오후에 1바퀴 돕니다.

**9.** 1칸  **10.** 3시간

**11.** 1주일 3일

**12.** 금요일 〔풀이〕 10일이 금요일이고 17일은 1주일 후이므로 10일과 같은 요일입니다.

**13.** 5시 57분

**155a**

**1.** (1) 12, 37 (2) 9, 2 (3) 6, 23

**2.** 110 〔풀이〕 1시간은 60분이므로 60+50=110(분)입니다.

**3.** 19 〔풀이〕 1주일은 7일이므로 2주일은 14일입니다.
따라서 14+5=19(일)입니다.

**4.** 17 〔풀이〕 1년은 12개월이므로 12+5=17(개월)입니다.

**5.** 1, 4 〔풀이〕 1일은 24시간이므로 28-24=4(시간)입니다. 따라서 28시간은 1일 4시간입니다.

**6.** 1시간 50분 〔풀이〕 4시 10분 전은 3시 50분이고, 3시 50분에서 2시간 후가 5시 50분입니다. 따라서 3시 50분에서 1시간 50분 후가 5시 40분입니다.

**155b**

**7.** 2시 5분        **8.** 3시 50분

**9.** 1시간 45분
〔풀이〕 2시 5분 $\xrightarrow{1시간}$ 3시 5분
$\xrightarrow{45분}$ 3시 50분

**10.** 105분 〔풀이〕 60+45=105(분)

**11.** 4시 10분 전

**156a**

| 일 | 월 | 화 | 수 | 목 | 금 | 토 |
|---|---|---|---|---|---|---|
|  |  |  | 1 | 2 | 3 | 4 |
| 5 | 6 | 7 | 8 | 9 | 10 | 11 |
| 12 | 13 | 14 | 15 | 16 | 17 | 18 |
| 19 | 20 | 21 | 22 | 23 | 24 | 25 |
| 26 | 27 | 28 | 29 | 30 | 31 |  |

**1.** 4일, 11일, 18일, 25일

**2.** 수요일        **3.** 금요일

**4.** 15일        **5.** 21일

**156b** **6.** 11   **7.** 30   **8.** 10, 30   **9.** 11

**157a**

**1.** 180  **2.** 21  **3.** 36  **4.** 72

**5.** 1, 35  **6.** 2, 4  **7.** 1, 8

**8.** 1, 6        **9.** 30일

**10.** 17일 〔풀이〕 3일이 첫째 일요일이므로 셋째 일요일은 3+14=17(일)입니다.

**11.** 금요일

**12.** 토요일 〔풀이〕 4월은 30일까지 있으므로 30일은 토요일입니다.

**157b**

**13.** 6시 50분

**14.** 8시 35분

**15.** 80분

**16.** 1시간 45분

**17.** 2시간 30분 〔풀이〕 10시 반은 10시 30분입니다.
오전 10시 30분 $\xrightarrow{2시간}$ 오후 12시 30분
$\xrightarrow{30분}$ 오후 1시

**158a**

**1.** 12, 16        **2.** 6, 12, 15

**3.** 6, 3, 18

**158b**

**4.** 5, 10, 15, 20, 25    **5.** 5, 5

**6.** 5, 5, 5, 5, 5, 25    **7.** 7일

**8.**

| 일 | 월 | 화 | 수 | 목 | 금 | 토 |
|---|---|---|---|---|---|---|
|  | 1 | 2 | 3 | 4 | 5 | 6 |
| 7 | 8 | 9 | 10 | 11 | 12 | 13 |
| 14 | 15 | 16 | 17 | 18 | 19 | 20 |
| 21 | 22 | 23 | 24 | 25 | 26 | 27 |
| 28 | 29 | 30 | 31 |  |  |  |

**159a**

**1.** 5        **2.** 3, 3, 3, 3, 3

**3.** 3, 5

**4.** (1) 5, 5, 5, 5  (2) 5, 4

**5.** (1) 6, 6, 6, 6  (2) 6, 4

**159b**

**6.** 4×2, 4×4, 4×5, 4×6

**7.** 3×2, 3×3, 3×4, 3×5, 3×6

**8.**

| ○ | ○○ | ○○○ | ○○○○ | ○○○○○ |
|---|---|---|---|---|

**9.**

| ○○○ | ○○○○ | ○○○○○ | ○○○○○○ | ○○○○○○○ |
|---|---|---|---|---|

**160a**

1. 3, 4, 12, 3, 4, 12, 3 곱하기 4는 12
와 같습니다(3과 4의 곱은 12입니다)
2. $6 \times 3 = 18$　　3. $8 \times 9 = 72$
4. $7 \times 3 = 21$　　5. $5 \times 4 = 20$

**160b**

6. 28, 7, 4, 28, 7, 4, 곱, 28
7. 16, 4, 4, 16　　8. 35, 7, 5, 35
9. 48, 8, 6, 48
10. 
11. 

**161a**

1. 2　　2. 3　　3. 2　　4. 2
5. 4, 3　　6. 배　　7. 5, 6
8. 배　　9. 3　　10. 배

**161b**

11. 10　12. 10　13. 12　14. 12
15. 24　16. 24　17. 35　18. 35
19. 18　20. 18　21. 35　22. 35
23. 16　24. 16　25. 54　26. 54

**162a**

1. $2+2+2+2=8$, $2 \times 4 = 8$
2. $3+3=6$, $3 \times 2 = 6$
3. $4+4+4+4+4=20$, $4 \times 5 = 20$
4. $5+5+5=15$, $5 \times 3 = 15$
5. $6+6+6+6=24$, $6 \times 4 = 24$

**162b**

6. $4+4+4+4+4+4+4+4+4=36$,
$4 \times 9 = 36$
7. $5+5+5+5=20$, $5 \times 4 = 20$
8. $6+6+6+6+6+6+6+6=48$,
$6 \times 8 = 48$
9. $7+7+7+7+7=35$, $7 \times 5 = 35$
10. $8+8+8+8+8+8+8=56$,
$8 \times 7 = 56$
11. $9+9+9+9+9+9=54$, $9 \times 6 = 54$

**163a**
창의력
학습

① $3 \times 4 = 12$(그루)
② $3 \times 5 = 15$(그루)
③ $3 \times 6 = 18$(그루)

**163b**
창의력
학습

| 암호문 | 풀 기 | 답(암호) | 답(수) |
|---|---|---|---|
| 1 | $9-5=$ | ∧ | 4 |
| 2 | $2 \times 4 =$ | < | 8 |
| 3 | $3+2=$ | ⌐ | 5 |
| 4 | $3 \times 3 =$ | ⌐ | 9 |
| 5 | $5+4=$ | ⌐ | 9 |
| 6 | $2 \times 3 =$ | ρ | 6 |
| 7 | $7-2=$ | ⌐ | 5 |

**164a**
경시 대회
예상 문제

1. (1) 7, 10　　(2) 3, 20
2. 1시간 25분　　3. 오전, 오후

**164b**
경시 대회
예상 문제

4. 5번　풀이　금요일인 날은 2일,
9일, 16일, 23일, 30일로 모두 5일이
므로 특별 활동은 5번 할 수 있습니다.

5. (1) 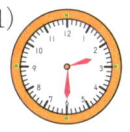　　(2)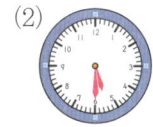

**165a**
경시 대회
예상 문제

6. (1) $2 \times 6 = 12$　(2) $4 \times 8 = 32$
(3) $6 \times 6 = 36$　(4) $8 \times 8 = 64$
(5) $3 \times 4 = 12$

7. (1) $8 \times 6 = 48$　(2) $7 \times 9 = 63$

**165b**
경시 대회
예상 문제

8. (1) 예) $3 \times 4 = 12$, $4 \times 3 = 12$
$2 \times 6 = 12$, $6 \times 2 = 12$
(2) 예) $3 \times 6 = 18$, $6 \times 3 = 18$
$2 \times 9 = 18$, $9 \times 2 = 18$

9. [식] $2 \times 9 = 18$　　[답] 18개
10. [식] $6 \times 7 = 42$　　[답] 42개

**166a**

1. 870, 907, 967
2. 6, 600, 0, 0, 7, 7
3. 817　4. 510　5. 909　6. 350

**166b**

7. 647　　　　　8. 8, 0, 9
9. 590, 600, 605
10. 700, 750, 800
11. 505, 705, 905
12. 210, 240, 270, 300

**167a**
1. > 2. < 3. > 4. > 5. <

6.

| 백의 자리 | 십의 자리 | 일의 자리 | 수 |
|---|---|---|---|
| 6 | 7 | 8 | 678 |
| 3 | 0 | 5 | 305 |
| 5 | 5 | 0 | 550 |

7. 600    8. 809

**167b**
9. 987    10. 102    11. 698
12. 120    13. 8개

**168a**
1. 67    2. 100    3. 67    4. 45
5. 51    6. 102    7. 77    8. 16
9. 37, 43

**168b**
10. 9, 8, 4
11. 70    12. 61    13. 69    14. 77
15. 42    16. 73    17. 73    18. 60

**169a**
1. [식] 38-9=29    [답] 29명
2. [식] 25-8-9=8    [답] 8개
3. [식] 50-8+20=62    [답] 62장

**169b**
4. 41+8̸+5+6=52
5. 5̸+7+63+8=78
6. 72-4-5-7̸=63
7. 54-9̸-5-3=46
8. [식] 15+7+2+4=28 [답] 28자루
9. [식] 35-8-9=18    [답] 18개

**170a**
1. 꼭짓점, 변
2. 선분 ㄱㄴ(선분 ㄴㄱ)
3. 직선 ㄷㄹ(직선 ㄹㄷ)
4.

**170b**
5. 3개

**170a (계속)**
6. ②, ⑤, 위
7. (1) 6개    (2) 6개

**171a**
1. 7, 9, 13, 15    2. 6, 12, 14, 16
3. 80, 70, 60, 55, 50
4.    5.
6. △, ■, ●

**171b**
7. 106    8. 180    9. 110    10. 104
11. 56    12. 46    13. 35    14. 9

**172a**
1. (1) 39+47=86 또는 47+39=86
   (2) 86-47=39 또는 86-39=47
2. 43    3. 37    4. 92    5. 58
6. [식] 72-35=37    [답] 37개

**172b**
7. 74    8. 63    9. 39    10. 106
11.

| -16 | |
|---|---|
| 80 | 64 |
| 51 | 35 |
| 32 | 16 |
| 64 | 48 |

12.

| +19 | |
|---|---|
| 25 | 44 |
| 74 | 93 |
| 32 | 51 |
| 64 | 83 |

13. [식] 95-36-45=14 [답] 14쪽

**173a**
1. (1) 58+37=95
      37+58=95
   (2) 95-58=37
      95-37=58
2. [식] 28+(28+8)=64 [답] 64살
3. 5개    (풀이) 사탕은 모두 15개이고, 오빠는 나보다 5개 더 많이 가지고 있으므로 표를 만들어 알아봅니다.

| 오빠(개) | 15 | 14 | 13 | 12 | 11 | 10 | 9 | 8 |
|---|---|---|---|---|---|---|---|---|
| 나(개) | 0 | 1 | 2 | 3 | 4 | 5 | 6 | 7 |
| 차(개) | 15 | 13 | 11 | 9 | 7 | 5 | 3 | 1 |

따라서 사탕을 오빠는 10개, 나는 5개를 가지고 있습니다.

**173b**
4. 6배　　5. 3배　　6. 6, 3, 4
7. 단위길이 ㉮　　8. 큽니다.

**174a**
1. 5 cm　　2. 7 cm　　3. 4 cm
4. 생략　　5. 생략　　6. 생략

**174b**
7. 8　　8. 4　　9. 8
10. 선분　　11. 직선　　12. 사각형

**175a**
1. □+45　　2. □+12
3. 36+□=54　　4. □+26=80
5. □+52=97

**175b**
6. 87-□=61　　7. □-15
8. □-25　　9. 35-□=15
10. □-27=14

**176a**
1. [식]□+37=90　　[답] 53
2. [식]12+□=41　　[답] 29개
3. 13　　4. 30　　5. 49　　6. 32
7. 35　　8. 40

**176b**
9. [식]15+△=51　　[답] 36
10. [식]△-15=63　　[답] 78
11. [식]73-△=36　　[답] 37
12. [식]△+26=64　　[답] 38
13. [식]△+57=72　　[답] 15개

**177a**
1. 10, 35　　2. 6, 10　　3. 6, 10
4. 3, 5　　5. 125　　6. 24
7. 1, 7　　8. 2, 35

**177b**
9. 오후 4시 20분
풀이 오후 1시 50분 → 오후 3시 50분
（2시간）
→ 오후 4시
（10분）
→ 오후 4시 20분
（20분）

10. 24바퀴　　11. 2시 45분
12. (8, 24), (6, 24), (4, 24),
(3, 24)

**178a** 창의력 학습

10　3　8　　1　2
7　5　　4　7　3
12　　5　6
,

**178b** 창의력 학습
❶번을 ❽번 왼쪽 옆으로
❹번을 ❾번 오른쪽 옆으로
❿번을 ❷, ❸번 가운데 아래로

**179a** 경시 대회 예상 문제
1. 6, 2, 8
2. (1) 999　　(2) 100
3. [식] 35-10-5=20　[답] 20개
4. 36자루
풀이 연필 1다스는 12자루이고 2다스는 24자루입니다. 12+24=36

**179b** 경시 대회 예상 문제
5. ＞　　6. △
7. (1) 30+65=95, 65+30=95
(2) 95-65=30, 95-30=65

**180a** 경시 대회 예상 문제
8. [식] 7×3=21　　[답] 21일
풀이 1주일은 7일이므로 2주일은 14일, 3주일은 21일입니다.
9. [식] 5×2=10　　[답] 10살
10. [식] 4×7=28　　[답] 28개
11. [식] 6×5=30　　[답] 30개
12. [식] (4×6)-(4×5)=4　[답] 4개

**180b** 경시 대회 예상 문제
13. [식] (4×8)+(6×7)=74
[답] 74개
14. [식] 8+(8×3)=32　　[답] 32회

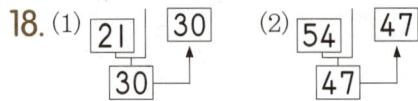
15. [식] 5×4=20　　　[답] 20개

16. ㉡, ㉢, ㉣, ㉠

종료
테스트

1. (1) 300, 삼백　(2) 7, 칠백

2. 4, 꼭짓점

3. (1) 10　(2) 20

4. (1) □+8=13
　　(2) 예) 9에 어떤 수를 더하면 18입
　　　　니다.

5. [식] 53+8=61　　　　[답] 61

6. (1) 1, 6　(2) 3

7.

8. [식] 32−18=14　　　[답] 14명

9. 22일　풀이　1+7+7+7=22

10. 1시간 20분
풀이　4시 50분 ──1시간→ 5시 50분
　　　　　　　　──10분→ 6시
　　　　　　　　──10분→ 6시 10분

11. [식] (9×4)−(7×5)=1
　　　　　5반　　3반
　　[답] 5반 학생들이 1명 더 많습니다.

12. [식] (2×5)+(4×8)=42
　　[답] 42개

13. [식] 5×7=35　　　[답] 35권

14. 6개

15. 6+6+6=18

16. 6×3=18

17. 8시 20분　풀이　7시 10분 전은
6시 50분입니다.
6시 50분 ──1시간→ 7시 50분
　　　　　　──10분→ 8시
　　　　　　──20분→ 8시 20분

18. (1) 21　30　　(2) 54　47
　　　　30 →　　　　　47 →

19.

20. 5개　풀이　사탕이 20개이므로
합해서 20이 되는 경우는

| 형 | 20 | 19 | 18 | 17 | 16 | 15 | 14 | 13 | 12 | 11 |
|----|----|----|----|----|----|----|----|----|----|----|
| 동생 | 0 | 1 | 2 | 3 | 4 | 5 | 6 | 7 | 8 | 9 |

입니다.
따라서 형이 가진 사탕이 동생의 3배
이므로, 형은 15개, 동생은 5개 가졌습
니다.